Lászlo Á. Marosi
Sind wir wirklich von dieser Welt?
Darwinismus oder Evolution nach Plan
Analyse der Beweislage

FSC
www.fsc.org
MIX
Papier aus verantwortungsvollen Quellen
Paper from responsible sources
FSC® C105338

Lászlo Á. Marosi

Sind wir wirklich von dieser Welt? Darwinismus oder Evolution nach Plan

Analyse der Beweislage

Marosi Verlag, Dr. phil. Silvia Marosi
Ludwigshafen am Rhein 2015

Bibliographische Information der Deutschen Nationalbibliothek
Die Deutsche Nationalbibliothek verzeichnet diese Publikation in der Deutschen Nationalbibliographie. Detaillierte bibliographische Daten sind im Internet über http://dnb.d-nb.de abrufbar.

Ich danke meiner Frau Gabriella Marosi herzlich für die Anfertigung der Zeichnungen!

marosiverlag@gmx.de

Druck: BoD GmbH, Norderstedt
Printed in Germany 2015

ISBN 978-3-945636-05-3

Inhalt

VORWORT
FOSSILBERICHT VS. DARWINISMUS

Was war das Leben? Niemand wußte es. Niemand kannte den natürlichen Punkt, an dem es entsprang und sich entzündete. […] Wenn sich etwas darüber aussagen ließ, so war es dies: es müsse von so hoch entwickelter Bauart sein, daß in der unbelebten Welt auch nicht entfernt seinesgleichen vorkomme. Zwischen der scheinfüßigen Amöbe und dem Wirbeltier war der Abstand geringfügig, unwesentlich im Vergleiche mit dem zwischen der einfachsten Erscheinung des Lebens und jener Natur, die nicht einmal verdiente, tot genannt zu werden, weil sie unorganisch war. […] [Zwischen] Leben und unbelebter Natur […] klaffte ein Abgrund, den die Forschung vergebens zu überbrücken strebte.[1]

Thomas Mann – Der Zauberberg

DARWINS Theorie *Über die Entstehung der Arten* trat vor 150 Jahren ihren triumphalen Siegeszug an. Die Evolutionstheorie über die Entstehung des Lebens aus anorganischen Bestandteilen der Uratmosphäre und über die Entstehung der Vielfalt der Lebewesen auf der Erde wird heute allgemein anerkannt und auf allen Schulen und Universitäten als wissenschaftlich bewiesene Tatsache gelehrt.

Auch ich war viele Jahre meines Lebens von DARWINS Theorie fasziniert und hielt die ihr zu Grunde liegende Idee – Bildung von Variationen durch zufällige Mutationen und darauffolgende Auslese, ‚Survival of the fittest' – für ein herausragendes Beispiel für einen zwingenden Paradigmenwechsel.

DARWINS Vorstellung war, dass der Zufall bei jeder neuen Generation einer bestimmten Population eine Vielzahl von Variationen erzeugte, von denen einige besser, andere schlechter an die Umweltbedingungen angepasst waren. Die natürliche Selektion bewirkte dann, dass die besser angepassten Variationen überlebten, die weniger gut angepassten im immerwährenden Kampf ums Dasein ausgemerzt wurden. Bemerkenswert fand ich auch die These, dass in diesem Prozess die besser angepassten Variationen keine perfekten Kreaturen sein mussten. Es genügte, wenn sie eine größere Überlebenschance hatten als ihre vom Zufall weniger begünstigten Artgenossen, denn der Vorgang Mutation-Selektion wiederholte sich von Generation zu Generation stetig. Laut DARWIN entstanden durch zufällige Mutationen immer neue Variationen, die gegenüber ihren Artgenossen einen geringen evolutionären Vorteil aufwiesen, besser an die Umweltbedingungen angepasst waren und dadurch bessere Überlebenschancen hatten. Auf diese Weise kam es gemäß Theorie zwangsläufig oder gar gesetzesmäßig zu einer stetigen Verbesserung der Anpassung an die Umwelt und darüber hinaus, wie DARWIN postulierte, durch Akkumulation von zahlreichen kleinen günstigen Veränderungen zur Entstehung neuer, höher entwickelter Arten.

Widersprüche zwischen dem Fossilbericht und DARWINS Annahme der langsamen Veränderungen erweckten in mir schließlich Zweifel an seiner Theorie. Laut DARWIN verlief die Höherentwicklung der Arten langsam über zahlreiche Zwischenglieder, Fossilienfunde müssten daher viele Übergänge zwischen zwei Arten aufweisen. Dem ist aber nicht so. Der Fossilbericht als gesicherte und unstrittige Bestandsaufnahme der Abfolge der Fortentwicklung der Arten weist so gut wie kein eindeutig als Zwischenglied identifiziertes Exemplar auf. Die Schlüsselfrage nach der Höherentwicklung der Arten wird von der Evolutionstheorie nicht beantwortet und ist bis heute ungeklärt.

Zuchtexperimente, neuere Erkenntnisse der Zoologie und zahlreiche Beispiele für Parallelevolution und Konvergenz nährten meine Zweifel am Zufallscharakter der evolutiven Entwicklung. Eine Neubewertung der Theorie erschien mir angebracht.

So beschloss ich 2014, meine Bedenken gegen die bestehende Form der Evolutionstheorie unter Einbezug der Hypothese der chemischen Evolution, die ich in Teil I ausführlich behandeln werde, zu veröffentlichen.

Mir ist klar, keinen sachlichen, noch so kontroversen Diskurs über dieses Thema anzustoßen. Der Darwinismus erhebt einen Absolutheitsanspruch und geht so mit Atheismus, Marxismus und anderen Ismen Hand in Hand. Quasireligiös verträgt er keine noch so wohlbegründeten Einwände und lebt damit offen vor, was er an seinen Kritikern abwertet. Kritiker werden als zurückgebliebene Kreationisten beschimpft und diffamiert, und Anhänger der Evolutionstheorie neodarwinistischer Prägung meinen, dass man

> […] bei der Begegnung mit einem Menschen, der behauptet nicht an Evolution zu glauben sagen kann: Der Betreffende ist unwissend, dumm bzw. geisteskrank (oder bösartig […]).[2]

Auch wenn alle Beweise dafür sprechen, dass eine lebende Zelle unter irdischen Bedingungen nicht von alleine entstehen konnte, beharren sie darauf. Der Grund dafür ist leicht auszumachen: Als DARWIN sein Werk 1859 veröffentlichte, fiel seine Theorie insbesondere im Kreise von Atheisten und Materialisten auf fruchtbaren Boden, weil sie ihren atheistischen Glauben bestätigte. Eine Vielfalt des Lebens auf der Erde, die mit Hilfe natürlicher Prozesse, ausgehend aus anorganischen Materialien, erklärbar ist, macht einen Schöpfer überflüssig. Darwinisten bestehen auf dem Prinzip Zufall, denn eine Evolution nach Plan, die von Kreationisten oder Intelligent-Design-Anhängern als Beweis für die Existenz Gottes ‚missbraucht' werden könnte, ist für sie nicht hinnehmbar. Ihre Sicht ist durch selbst auferlegte ideologische Scheuklappen starr, für Alternativen ist kein Platz.

In Teil II werde ich nach einem kurzen Abriss der Evolutionstheorie Falsifizierungskriterien behandeln, die DARWIN selbst gegen seine Theorie vorbrachte und zu zeigen versuchen, dass diese einleuchten und als erfüllt angesehen werden dürfen.

In Teil III werde ich eine neue Theorie der Evolution präsentieren. Zunächst werde ich die von FRANCIS CRICK und LESLIE ORGEL diskutierte Theorie der gerichteten Panspermie beleuchten und die Konsequenzen behandeln, die sich nach meiner Ansicht aus dieser Theorie ergeben. Dann zeige ich auf, dass wir die Möglichkeit nicht ausschließen dürfen, dass das Leben das Produkt einer kreativen Intelligenz darstellt.

In Teil IV schließlich streife ich die Frage „Was ist Leben?“, die von zahlreichen namhaften Wissenschaftlern sorgfältig bedacht, aber nicht befriedigend beantwortet wurde.

Den Abschluss bildet das Kapitel über neueste Entwicklungen auf dem Gebiet ‚Künstliches Leben‘ und mögliche Perspektiven, die sich aus ihnen ergeben könnten – die aufregendste aller Zukunftsfragen der heutigen synthetischen Biologie.

TEIL I

1 ÜBER DIE ENTSTEHUNG DES LEBENS

Wer treibt das Leben auf seine Reise?
Kena Upanishad

Die frühe Erde war der Schauplatz einer der geheimnisvollsten Vorgänge im Universum: Der Entstehung des Lebens. Wie sich die ersten Gene bildeten, im Konkurrenzkampf verbesserten und mit primitiven Enzymen in Wechselwirkung traten, lässt sich heute lückenlos nachzeichnen.[3]
Manfred Eigen

Von Anbeginn der menschlichen Zivilisationen war das größte Mysterium: Wie entstand das Leben? Woher kommen wir? Jahrtausendlang waren die Erklärungsversuche religiös oder mythisch. Erst mit dem Erscheinen von DARWINS Werk „On the origin of species by means of natural selection, or the preservation of favoured races in the struggle for life“[4] („Über die Entstehung der Arten“) im Jahre 1859 wurde die Entstehung des Lebens auch eine Frage der Wissenschaft.

DARWIN selbst hielt sich in der Frage nach der Entstehung des Lebens zurück und hielt es für aussichtslos, ‚bei dem gegenwärtigen Stand der Kenntnisse‘ über den Ursprung des Lebens zu spekulieren. Trotzdem schlug er ad hoc vor, was bis in unsere Tage hinein richtungsweisend für die biologische Forschung bleiben sollte.

In einem Brief an JOSEPH DALTON HOOKER schrieb er 1871 von seiner Vorstellung, das Leben könnte „[…] in einem warmen kleinen Teich, in dem alle Arten von Ammoniak und Phosphor-Salzen, Licht, Hitze, Elektrizität usw. vorhanden waren […]“[5], begonnen haben und

> […] dass ein Protein-Verbund chemisch geformt wurde und noch komplexeren Veränderungen unterworfen war. Heutzuta-

> ge würde so etwas sofort verschlungen oder absorbiert, was nicht der Fall war, bevor die lebenden Kreaturen entstanden.[6]

Die Idee der ‚Ursuppe' war geboren.

Erst 1924 wurde dieser Gedanke vom russischen Biochemiker ALEXANDER I. OPARIN wieder aufgegriffen, der in seinem Buch „Ursprung des Lebens"[7] die Theorie der chemischen Evolution aufstellte. Sie besagt, dass in der Frühgeschichte der Erde durch Zersetzung von Carbiden und Nitriden Kohlenwasserstoffe und Ammoniak gebildet wurden und im Laufe der Zeit diese Stoffe sich in Cyanide und Aminosäuren umgewandelt haben. Weitere chemische Reaktionen führten dann zur Bildung immer komplexerer Verbindungen, die wiederum in der ‚Ursuppe' der ‚Urozeane' zur Bildung des Lebens führten.

Eine ähnliche Idee wurde 1928 vom englischen Biologen und Genetiker JOHN B. S. HALDANE veröffentlicht.[8] HALDANE nahm an, dass die Uratmosphäre aus Kohlenstoffdioxid und Ammoniak bestand, die sich unter Einstrahlung von UV-Licht in organische Verbindungen umwandelten, sich im Urozean zu einer ‚heißen, verdünnten Suppe' anreicherten und mit der Zeit die komplizierteren Lebensbausteine bildeten.

Beide Theorien beruhten zunächst nur auf Vermutungen, es fehlte der experimentelle Beweis, dass sich unter Bedingungen, die auf der Urerde vorherrschten, aus einfachen, anorganischen Molekülen tatsächlich komplexe organische Verbindungen bilden konnten.

1951, anknüpfend an die Vorstellungen von DARWIN, OPARIN und HALDANE, äußerte der US-amerikanische Chemiker HAROLD UREY in einer Vorlesung die Vermutung, dass man unter Bedingungen, die in der Uratmosphäre der Erde existierten, aus Methan, Ammoniak und Wasserstoff Aminosäuren, die zu dieser Zeit bereits als Bausteine der Desoxyribonukleinsäure (DNS) bekannt waren, synthetisieren könnte. Das Experiment wurde vom jungen Doktoranden STANLEY MILLER konzipiert und durchgeführt.[9]

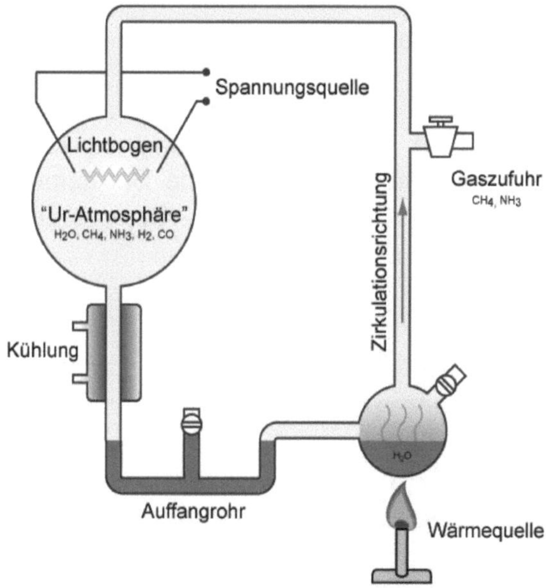

Abb. 1: Schematischer Versuchsaufbau des Miller-Urey-Experiments

In einem Glaskolben erhitzte er Wasser; die Atmosphäre bestand aus Methan, Ammoniak, Wasserstoff und aus dem Kolben aufsteigendem Wasserdampf. Diese Mischung setzte MILLER elektrischen Entladungen aus und tatsächlich war nach nur wenigen Tagen Reaktionsdauer die Sensation vollbracht. Im Reaktionsprodukt konnte er Verbindungen wie die wichtige Aminosäure Glycin und organische Verbindungen wie Formaldehyd, Essigsäure und andere nachweisen. Das Experiment wurde von verschiedenen Forschungsgruppen unzählige Male wiederholt und bestätigt.

∑ **Aminosäuren**	**1,77**	∑ **Monocarbonsäuren**	**3,6**
Glycin	1,0	Ameisensäure	3,0
Alanin	0,54	Essigsäure	0,3
B-Alanin	0,23	Propionsäure	0,3
∑ **Monoamine**	**5,5**	∑ **Hydroxycarbonsäuren**	**1,63**
Methylamin	5,0	Glykolsäure	0,9
Äthylamin	0,5	Milchsäure	0,73

Tab. 1: Produktverteilung aus dem Miller-Experiment (Anzahl der Moleküle)[10]

Durch Variation der Reaktionsbedingungen gelang es, mehr als siebzig Aminosäuren und auch die Bausteine der DNS, die Nukleotidbasen Adenin, Guanin, Cytosin und Thymin, abiotisch herzustellen.

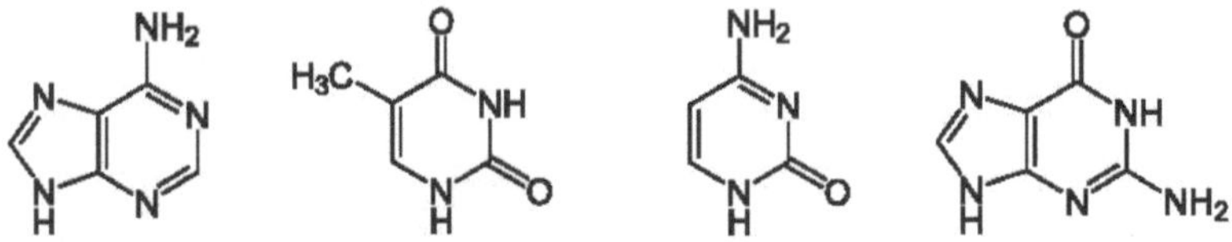

Adenin Thymin Cytosin Guanin

Abb. 2: Bausteine der Desoxyribonukleinsäure

Die Frage nach der Entstehung der organischen Lebensbausteine aus anorganischen Ausgangsmaterialien schien damit gelöst und Wissenschaftler beschrieben das Bild von der Entstehung lebender Zellen aus den anorganischen Bestandteilen der Uratmosphäre. Man glaubt, dass wir mit dem Wissen, das wir heute über den Ablauf von chemischen Reaktionen, über die Wirkung von Enzymen und über Biologie haben, die Entstehung des Lebens auf abiotischem Wege lückenlos beschreiben können.

2 Stufen zum Leben

In der ersten Stufe, so die Annahme, bildeten sich aus den in der Uratmosphäre enthaltenen Gasen, dem Methan, Ammoniak, Wasserstoff und Wasser neben einer großen Zahl organischer Verbindungen auch die wichtigen Bausteine des Lebens: Aminosäuren als Bausteine der Proteine; organische Basen als Bausteine der Nucleinsäuren; Lipide, die für die Bildung von Zellmembranen benötigt werden; Zucker und Phosphate. Die Erde vor etwa drei Milliarden Jahren glich einem Universalreaktor, „[…] Blitzschlag, Schockwellen, ultraviolette Strahlung und heiße Vulkanasche waren allgegenwärtige Energiequellen […]“[11], auch Mineralien und Salze, die als Katalysatoren chemische Reaktionen beschleunigen und lenken konnten, waren reichlich vorhanden. Bedingungen,

> […] die, wie Experimente gezeigt haben, allesamt chemische Umwandlungen hervorbringen konnten, bei denen die Stoffe auf der Oberfläche der frühen Erde in bedeutenden Mengen in Substanzen überführt wurden, die man heute als organisch einstufen würde.[12]

Man nahm weiter an, dass sich bei diesen Reaktionen auch „[…] organische Moleküle von der Größe biologischer Polymere gebildet haben [könnten] […] [und] das Angebot an organischem Material war in der Tat gewaltig.“[13] Wenn man diese organischen Stoffe „[…] gleichmäßig in den gegenwärtigen Ozeanen verteilen würde, ergäbe dies eine Kohlenstofflösung, die so gehaltvoll wäre wie eine kräftige Fleischbrühe.“[14]

In der darauffolgenden Phase, so die Theorie, bildeten die monomeren Aminosäuren komplizierte Polymere, wie Proteine und Nukleinsäuren.

Protein-Moleküle haben die Form langer Ketten, die aus einfacheren Molekülen hervorgehen, indem sich diese miteinander verbinden.

$$n\,(HOOC\text{-}CHR_1\text{-}NH_2 + HOOC\text{-}CHR_2\text{-}NH_2)$$

$$+H_2O \quad \rightleftharpoons \quad + \text{Energie} \; - n\,H_2O$$

$$HOOC\text{-}(CHR_1\text{-}NH\text{-}OC\text{-}CHR_2)_n\text{-}NH_2$$

Abb. 3: Synthese von Polypeptiden

Die Synthese von Polymeren aus monomeren Aminosäuren ist eine sogenannte endogene Gleichgewichtsreaktion, die nicht spontan abläuft, sondern die Zufuhr von Energie erfordert. Ohne Energiezufuhr wäre die Kettenlänge der dabei entstehenden Polymere (*n*) zu kurz. Der Polymerisationsgrad *n* hängt dabei neben der Temperatur (zugeführte Energie) ganz entscheidend von der Wasserkonzentration ab. Jeder Schritt der Polymerisation erfordert die Abspaltung eines Wassermoleküls, das, um hohe Kettenlängen zu erzielen, aus dem Gleichgewicht entfernt werden muss.

Eine Möglichkeit, das Gleichgewicht in Richtung Polymere zu verschieben, besteht in der ständigen Zufuhr von Energie z.B. in der Form von energieliefernden Reaktionen. In der lebenden Zelle dient Adenosintriphosphat (ATP) als Energielieferant, das jedoch selbst nur mit Hilfe von Enzymen gebildet werden kann, die in der Ursuppe nicht enthalten waren. Man nimmt daher an, dass unter den Bedingungen der Urerde die zur Polymerisation erforderliche Energie durch hydrolytische Spaltung von Polyphosphaten geliefert wurde.

Im nächsten Schritt bildeten die Makromoleküle Tröpfchen und separierten sich in der Ursuppe zu den sogenannten Protobionten, Vorläufer des einzelligen Lebens, die bereits selbstständige chemische Reaktionen, einen Stoffwechsel und Erregbarkeit aufwiesen.

> Die ‚Natur' optimierte dann das System zu einer effektiven, replikationsfähigen Einheit, die dafür sorgt, dass Tochterzellen jeweils die gleichen chemischen Fähigkeiten haben wie die Zellen, aus denen sie hervorgehen.[15]

Man nennt diese Einheit die Urzelle (LUCA, *Last universal common ancestor*) und ihre Funktion nennt man Leben.

3 Es ist alles durchwebt von Vermutungen

Die Frage nach dem historischen
wie
der Entstehung des Lebens hat
eine kurze und klare Antwort:
Wir können es nicht wissen.[16]
Manfred Eigen

Nicht von Beginn an enthüllten die Götter den Sterblichen alles, aber im Laufe der Zeit finden wir suchend das Bessere. Sichere Wahrheit erkannte kein Mensch und wird keiner erkennen, über die Götter und alle die Dinge, von denen ich spreche. Sollte einer auch einst die vollkommenste Wahrheit verkünden, wüsste er selbst es doch nicht. Es ist alles durchwebt von Vermutung.[17]
Xenophanes

Die Ursuppentheorie sowie die Theorie zur Entstehung des Lebens erfreuen sich bis in unsere Tage hinein allgemeiner Zustimmung. An Schulen, Universitäten und in vielen wissenschaftlichen Abhandlungen wird die Theorie über die Entstehung des Lebens auf abiotischem Wege als gesichert referiert.

Im Laufe der Zeit traten aber Zweifler auf den Plan, um die Ursuppe gründlich zu versalzen.

Man bezweifelte, dass die Atmosphäre der frühen Erde überhaupt in nennenswerten Mengen Methan und Ammoniak enthielt. Einem Bericht der NASA[18] zufolge bestand die Atmosphäre der Urerde aus Kohlenstoffdioxid und Stickstoff. Aus diesen Gasen können sich aber keine Aminosäuren bilden.

Auch die Bedeutung des Miller-Urey-Experiments wurde in Frage gestellt. Durch Variation der Reaktionsbedingungen gelang es zwar, mehr als siebzig verschiedene Aminosäuren auf abiotischem Wege herzustellen, aber es war einfach des

Guten zu viel. Zur Proteinsynthese braucht man nur zwanzig ganz bestimmte Aminosäuren. Die restlichen Aminosäuren sind als Verunreinigungen zu betrachten, die für die Proteinsynthese nicht gebraucht werden, aber trotzdem mannigfache Bindungen mit den nützlichen Aminosäuren eingehen und damit den Reaktionsablauf Richtung Protein stören. Sicher ist auch, dass die Reaktionsprodukte wesentlich mehr die Polymerisation blockierende monofunktionelle Verbindungen wie Ameisensäure und Essigsäure sowie monofunktionelle Amine wie Methylamin und Äthylamin enthalten haben als richtige, zur Proteinbildung benötigte Aminosäuren.

Auch entsprechen

> [alle] Berichte, wonach sich bei Miller-Versuchen Proteine oder Nucleotide (DNS/RNS) [L.M.: Verbindungen mit einem Phosphat-, einem Zucker- und einem Basenbestandteil] gebildet haben sollen, […] nicht den Tatsachen.[19]

Das größte Problem der Ursuppentheorie bleibt aber die Polymerisation der monomeren Aminosäureverbindungen zu langkettigen Peptidmolekülen in einer wässrigen Lösung; ein nach Gesetzen der Thermodynamik unlösbares Problem, das in dem sehr lesenswerten Werk „Das Molekül und das Leben“ von Bruno Vollmert, Professor für Makromolekulare Chemie an der Universität Karlsruhe, ein international anerkannter Kenner der Polymerchemie, ausführlich behandelt wird. Er untersuchte die Frage, ob die

> […] Makromoleküle von der Art der DNS- und Proteinmakromoleküle, ohne die kein irdisches Leben möglich ist, unter den Bedingungen der frühen Erde von selbst entstehen [konnten].[20]

Sein wissenschaftlich wohlbegründetes Fazit lautet,

> […] daß die modernen Hypothesen über die Entstehung des Lebens durch Selbstorganisation […] mit den experimentell ge-

> sicherten Erkenntnissen der Makromolekularen Chemie (genauer: den stöchiometrischen, thermodynamischen und statistischen Gesetzen der Synthesereaktion von langkettigen Molekülen) im Widerspruch stehen und so als widerlegt gelten müssen.[21]

Das allgegenwärtige Wasser wirkt der Ausbildung von langkettigen Polymeren entgegen, es können sich keine Makromoleküle von der Kettenlänge der Enzyme bilden.

Theorien wurden entwickelt, wie sich höhere Konzentrationen an Aminosäuren hätten ausbilden können. Eine Möglichkeit wäre die Entfernung des Wassers z.B. durch Eindampfen des *kleinen warmen Tümpels* unter dem Einfluss der Sonnenstrahlung. Versuche von SYDNEY W. FOX[22], US-amerikanischer Biochemiker, haben gezeigt, dass trockene Mischungen von Aminosäuren bei 130°C zu proteinähnlichen Makromolekülen, sogenannten Proteinoiden, polymerisieren. In Gegenwart von Polyphosphaten bilden sich bereits bei 60°C Makromoleküle mit bis zu 200 Aminosäuren in der Kette.

Weiterhin wurde die Möglichkeit in Betracht gezogen, dass die Ursuppe auf heißen Vulkangesteinen eindampfte und dabei das störende Wasser verlor. In der nunmehr weitgehend wasserfreien Aminosäuremischung bestand die Möglichkeit zur Bildung von langkettigen ‚Proteinoiden' durch Schmelzkondensation der monomeren Bestandteile.[23]

Versuche mit reinen Aminen unter Schutzgas ergaben bei höheren Temperaturen tatsächlich langkettige Polykondensate, doch war das Produkt gar nicht proteinähnlich: Kaum die Hälfte der Bindungen waren Peptidbindungen, wie man sie in Proteinen vorfindet. Proteine sind, wie im in Klammern gesetzten Teil in Abb. 3 gezeigt, durch eine nicht unterbrochene Folge von Peptidbindungen ausgezeichnet, die durch Kondensation einer endständigen Carboxylgruppe (COOH) mit einer Aminogruppe (NH_2) am α-C-Atom einer zweiten Aminosäure gebildet werden. Die Aminosäuren müssen demnach nicht nur in der richtigen Reihenfolge miteinander verbunden sein, sondern ausschließlich Peptidbindungen bilden; andere Bindungsarten dürfen in Proteinen nicht enthalten sein. In Abb. 4 sind die zwanzig proteinogenen Aminosäuren abgebildet, aus welchen alle bekannten Proteine aufgebaut sind. Die Vielzahl der verschiedenen Proteine und Enzyme unterscheiden sich nur in der Reihenfolge der aufbauenden Aminosäuren. Wie man aus Abb. 4 ersehen kann, haben die zwanzig proteinogenen Aminosäuren nicht nur unterschiedliche physikalische Eigenschaften wie Hydrophobie oder Basizität, einige von ihnen enthalten außer den terminalen Carboxyl- und Aminogruppen auch andere reaktive Gruppen, die ebenfalls vielfältige Reaktionen eingehen können und somit die Peptidbildung verhindern.

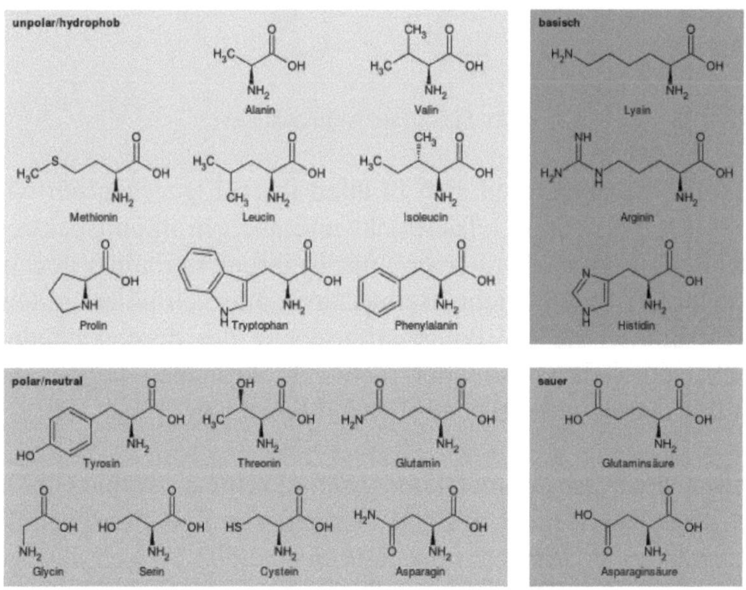

Abb. 4: Die 20 proteinogenen Aminosäuren[24]

Ein weiteres Problem gibt die Homochiralität der Polykondensate auf. Unter Chiralität versteht man die räumliche Anordnung von Atomen in einem Molekül, deren Bild und Spiegelbild sich nicht zur Deckung bringen lassen. Kohlenstoffatome mit vier verschiedenen Liganden z.B. stellen ein Stereozentrum dar, bei dem zwei verschiedene räumliche Anordnungen möglich sind, die sich durch Spiegelung nicht zur Deckung bringen lassen.

Die geometrischen Verhältnisse sind in Abb. 5 am Beispiel rechte und linke Hand dargestellt.

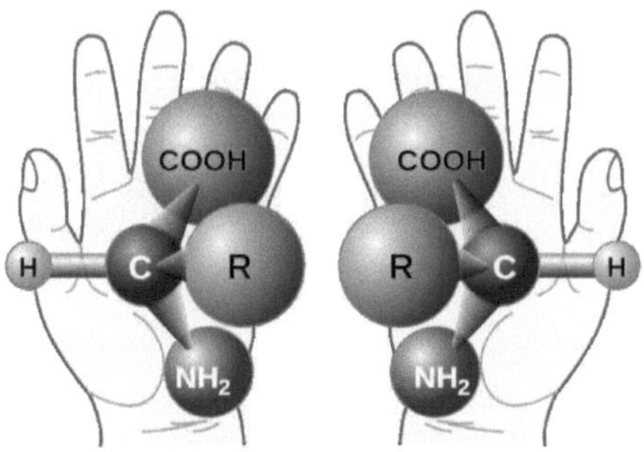

Abb. 5: Chirale Aminosäuren

Chirale Moleküle sind sich in allen ihren Eigenschaften wie Dichte, Siede- und Gefrierpunkt und auch in ihren Spektren gleich und unterscheiden sich nur in ihrem Verhalten gegenüber polarisiertem Licht: Beim Durchgang von polarisiertem Licht drehen sie die Polarisationsebene des durchgehenden Lichts entweder links oder rechts. In Proteinen liegen alle Aminosäuren in der linksdrehenden Form vor.

Selbst wenn zur Schmelzkondensation reine L-Amine (linksdrehende) verwendet wurden, bestand das Reaktionsprodukt stets aus einer Racematmischung der beiden optisch aktiven Formen. Dies gilt auch für die FOX'SCHEN Versuche. Der

Grund für diese Eigenschaft von biologischen Systemen ist bisher nicht bekannt.

Alles in allem wenig ermutigende Ergebnisse, die die Schlussfolgerung von VOLLMERT bestätigen, ‚dass die modernen Hypothesen über die Entstehung des Lebens durch Selbstorganisation als widerlegt gelten müssen'.[25]

Zusammenfassend darf man feststellen, dass die wichtigsten Lebensbausteine, Proteine und Nukleinsäuren, oder gar eine lebende Zelle unter den Reaktionsbedingungen, die auf der Urerde herrschten, niemals entstehen konnten.

Dazu KLAUS DOSE, Professor für Biochemie an der Universität Mainz, als Resümee einer Vortragsveranstaltung der ISSOL (International Society for the Study of the Origin of Life) 1983:

> Gegenwärtig enden alle Diskussionen über prinzipielle Theorien und Experimente auf diesem Gebiet [über die abiotische Entstehung des Lebens] entweder in einer Sackgasse oder in einem Eingeständnis der Unwissenheit.[26]

Seither sind einige Jahrzehnte vergangen, einen Durchbruch hat man aber nicht erzielt. Es kommen zwar regelmäßig neue Hypothesen auf und es vergeht kaum ein Jahr, in dem nicht eine neue Theorie publiziert wird. So z.B. „Das erste Leben entstand nicht in den Ozeanen, sondern in der Tiefe der Erde."[27] Andere schlagen vor, dass das Leben seinen Ursprung nicht in der warmen Ursuppe der Ozeane oder im warmen DARWIN'SCHEN Tümpel, sondern im kalten Eis nahm.[28] Wiederum andere vermuten, dass das Leben nicht im salzhaltigen Wasser der Ozeane, sondern im Süßwasser entstanden sein muss.[29]

GÜNTER WÄCHTERSHÄUSER[30], Honorarprofessor für evolutionäre Biochemie der Universität Regensburg, vermutet die „Brutstätte des Lebens“ auf der Oberfläche von kristallinen Mineralien wie Pyrit, GRAHAM CAIRNS-SMITH[31], Chemiker und Molekularbiologe an der Universität Glasgow, diskutiert die Möglichkeit, dass die ersten Proteine auf der Oberfläche von Kristallen wie Ton oder Sand, die eine geordnete Oberflächenstruktur aufweisen und daher als Template zur Bildung von geordneten Makromolekülen geeignet sind, entstanden sein könnten. Alle Disziplinen der Naturwissenschaften wie Biologie, Biochemie, Paläontologie aber auch Geophysik, Astrophysik und Astronomie haben versucht, einen Beitrag zur Erklärung der Entstehung des Lebens zu leisten, ohne durchschlagenden Erfolg.

Viele Möglichkeiten, mehr Fragen. Zu gesicherten, belastbaren Ergebnissen hat bislang keine dieser Theorien geführt. – Keine Sicherheit – nirgendwo.

So schrieb der US-amerikanische Wissenschaftsjournalist JOHN HORGAN enttäuscht:

> The origin of life is a science writer’s dream. It abounds with exotic scientists and exotic theories, which are never entirely abandoned or accepted, but merely go in and out of fashion.[32]

4 Statistische Betrachtungen

Zu allem Überfluss traten auch Mathematiker auf den Plan und berechneten, dass die Wahrscheinlichkeit dessen, dass eine statistische Co-Polymerisation der Aminosäuren zufällig die in Eiweißmolekülen zu findende Reihenfolge ergibt, 1 zu 10^{40000}, also praktisch gleich Null ist. 10^{40000}, eine Zahl mit 40.000 Nullen.

Zu glauben, dass ein solcher Zufall eintreten könnte, wäre unwissenschaftlich und muss daher außer Betracht bleiben.

> Der Biologe L. v. Bertalanffy verglich die Unwahrscheinlichkeit der zufälligen Entstehung einer einzigen lebensfähigen Zelle aus Materie mit der Explosion eines Stahlwerkes, wo aus umherfliegenden Metallteilen ein komplettes Auto entsteht und, um dem Vergleich treuzubleiben, auch noch der Roboter, der das Auto steuert. Genauer gesagt, Bertalanffy hielt letzteres für wahrscheinlicher.[33]

Führen alle Wege zum Leben?

Statistische Wahrscheinlichkeiten sind aber ein Argument, das die Anhänger der Evolutionstheorie nicht gerne hören. Biochemiker und Nobelpreisträger Manfred Eigen spricht verächtlich von einer ‚Zahlenorgie', und Hoimar von Ditfurth, habilitierter Arzt und Journalist, weist jeden solchen Gedanken als nicht ernstzunehmend, als wissenschaftlichen Unsinn zurück. Er skizziert ein anderes Szenario, das ich mit einer längeren Zitatenfolge umreißen möchte:

> Eine beliebte Variation [bei Vortragsveranstaltungen] ist die Frage, wie lange eine Horde von 100 Affen brauchen würde, um durch wahlloses Hämmern auf 100 Schreibmaschinen auch nur ein einziges Sonett von Shakespeare ‚durch Zufall' zu produzieren?[34]

Dass ein solches Ereignis nie eintreten würde, leuchtet jedem, der nicht einmal mit den Grundlagen der Statistik vertraut sein muss, unmittelbar ein. „Die Natur", schreibt DITFURTH,

> [...] hat niemals vor der Aufgabe gestanden, etwas, was es schon gab – etwa eine bestimmte Aminosäuresequenz – noch einmal in allen Einzelheiten durch Zufall exakt wiedererstehen zu lassen. [...] Die Natur war keineswegs darauf angewiesen, so lange zu warten, bis eine Affenhorde zufällig etwas wiederholt hatte, was auf irgendeine Weise vorgegeben gewesen wäre.[35]

Die Natur, so DITFURTH weiter,

> [...] hat die „Affen" der zufälligen Abläufe auf der Erdoberfläche vielmehr während einer durchaus beschränkten Zeit (sagen wir: einige hundert Jahrmillionen lang) nach Belieben herumhämmern lassen. Nach einem Zeitraum dieser Größenordnung hat sie sich dann aus den unzähligen bis dahin vollgetippten Blättern gewissermaßen in aller Ruhe einige ausgesucht, auf denen die Buchstabenverteilung rein zufällig vom Durchschnitt abwich. Diese Blätter hat sie dann für ihre Zwecke benutzen können, weil die vom Durchschnitt abweichende Buchstabenverteilung sie unverwechselbar machte und daher die Möglichkeit eröffnete, sie selektiv für bestimmte Funktionen einzusetzen.[36]

In den Anfängen

> [...] genügten nach heutiger Kenntnis aber Enzym-Prototypen von nur 40 oder 50 Gliedern Länge, in denen nur einige wenige Aminosäuren an ganz bestimmten Stellen sitzen mußten. Das läßt sich experimentell beweisen. So gering die Beschleunigung sein mochte, die eine solche Anordnung bestimmten chemischen Abläufen verlieh, sie bedeutete den winzigen Vorsprung, der automatisch die Vermehrung dieses einen Molekültyps zur Folge hatte. Geht man von dieser, der einzig realistischen Situa-

> tion aus, […] hat sich [das ganze Problem] in Rauch aufgelöst.[37]

DITFURTH trägt seine Vorstellungen in Form einer wohl klingenden Wissenschaftslyrik vor und entwirft damit die große Linie der DNS- und Enzymbildung, die tatsächlich sehr gradlinig wirkt, die den Einfluss der Statistik scheinbar aufhebt und sich selbsttätig, wodurch auch immer getrieben, bis hin zur Entstehung der ersten lebenden Zelle weiter optimiert.

Sein Ton wird nur jenen gegenüber etwas strenger, die dieser allgewaltigen Zufallstheorie keinen Glauben schenken wollen. Solche Leute nennt er naiv, unwissenschaftlich und einfältig. An dieser Stelle lohnt sich ein Blick auf diese Einfaltspinsel. Zu ihnen zählen z.B. die Nobelpreisträger JAQUES MONOD, FRANCIS CRICK und JAMES WATSON, die Professoren BRUNO VOLLMERT und FRED HOYLE, der namhafte englische Zoologe WILLIAM H. THORPE, der deutsche Physiker PASCUAL JORDAN und viele, viele andere. Ganz so einfältig, wie DITFURTH sie nennt, können sie nicht gewesen sein.

Das Problem mit der Statistik lässt sich nicht so einfach beiseiteschieben, wie DITFURTH es suggeriert. Hätte sich das Leben aus jeder beliebigen DNS mit einer von der Durchschnittsverteilung abweichenden Statistik bilden können, wie er es beschreibt, so müssen wir uns fragen, warum wir in allen Lebewesen nur diese eine Form der DNS, bestehend aus den vier Nukleotidbasen – Adenin, Guanin, Cytosin und Thymin – finden? Warum sind tausende von Enzymen aus eben jenen 20 Aminosäuren aufgebaut, wenn wahrscheinlich viel mehr Bausteine zur Verfügung standen? Warum gibt es keine Lebewesen, die eine andere DNS- oder Protein-Struktur tragen? Auf der frühen Erde gab es wahrscheinlich nicht nur einen einzigen *kleinen warmen Tümpel*, in dem, wenn es denn wirklich so war, als singuläres Ereignis das Leben entstand, sondern aller Wahrscheinlichkeit nach zahlreiche weitere, mit unterschiedlichen Eigenschaften wie Zusammensetzung, Konzentration an Aminosäuren, Temperatur, etc. Warum hat sich in jedem dieser Tümpel, aus welchen Leben hervortrat, dieselbe DNS gebildet? Die gängige Begründung lautet, dass wahrscheinlich alle anderen rudimentären Lebensformen lebensuntüchtig waren und daher ausgestorben sind. Eine wenig überzeugende Erklärung.

Bemerkenswert ist weiterhin, dass DITFURTH auf nur wenigen Seiten seiner Argumentation das Wort *Natur* wiederholt mit Redewendungen benützt wie: die Natur *‚hat sich dann in aller Ruhe ausgesucht'*, die Natur *‚hat für ihre Zwecke benutzen können'*, die Natur *‚war frei, den verschiedenen Basen (der DNS) und ihren Sequenzen opportunistisch jede Bedeutung zu geben'*.

Es sieht so aus, als hätte sich das Leben am eigenen Schopfe aus dem Sumpf der Ursuppe gezogen.

Ein weiteres Problem mit der Statistik ergibt sich aus dem Kettenwachstum, mit dem die Entstehung höherer Lebensformen verbunden ist. Wir wissen heute sicher, dass die Anordnung der Bausteine im DNS-Molekül einer strengen, für jedes Lebewesen charakteristischen Ordnung folgt. Kompliziertere Lebewesen haben einen umfangreicheren Bauplan und wie es scheint, benötigen sie mehr Gene, um die Informationen, die ihr Leben aufrechterhalten, zu speichern. Diese Tatsache drückt sich in der Verlängerung der DNS-Kette aus. D.h. die Evolution ist mit der Kettenverlängerung der DNS verknüpft und die Anordnung der Nukleotide definiert das Individuum. Die Verlängerung der DNS-Kette muss einem vorgegebenen nichtstatistischen Muster folgen, wenn z.B. aus einem Huhn ein Mensch werden soll. Eine statistische Kettenverlängerung kommt daher nicht in Frage und damit sind wir wieder bei der leidigen Frage der Statistik angekommen. BRUNO VOLLMERT schreibt dazu:

> Makromoleküle entstehen durch schrittweises Anhängen von einzelnen Kettenbauteilen und Zusammenfügen von Kettenteilstücken (Polykondensation). Die für das Leben einer Zelle notwendige, perfekte Kooperation aller DNS-Bauteile (Gene) im Rahmen von Genketten erfordert nicht nur eine strenge, aufs Ganze abgestimmte Sequenz der Nucleotide in den Genen, sondern auch eine strenge zeitliche Folge des Einbaus der Gene in die Gesamtkette. Das Entstehen einer derartigen kooperativen Sequenz in der DNS-Kette durch normale Copolykondensation (Zufallsadditionen) ist unsagbar unwahrscheinlich ($W < 10^{-1000}$).[38]

Gegen die von DITFURTH vorgetragene Selbstorganisations- oder Zufallstheorie der Enzymbildung sprechen auch zahlreiche experimentelle Befunde:

5 Das erste synthetische Enzym

Die Herstellung des ersten synthetischen Enzyms Ribonuklease[39] im Laboratorium im Jahre 1969 war eine wissenschaftliche Sensation; ein Stoff, so kommentierte die „Newsweek“ das Ereignis, aus dem Nobelpreise gemacht sind.

Das Enzym Ribonuklease besteht aus 124 Aminosäuren, die in einer ganz bestimmten Reihenfolge miteinander verknüpft sind. Zur Synthese genügt es aber nicht, die 124 monomeren Aminosäuren zusammenzumischen und ihre Polymerisation einzuleiten. Die Monomeren neigen nämlich dazu, sich in einer falschen Reihenfolge miteinander zu verbinden. Die richtige Reihenfolge muss man durch ausgeklügelte Syntheseschritte regelrecht erzwingen.

Chemiker der Rockefeller-Universität, Nobelpreisträger Robert Bruce Merrifield und Bernd Gutte, und Forscher des Pharmaunternehmens Merck (MSD Sharp & Dohme), Ralph F. Hirschmann und Robert G. Denkewalter, die gleichzeitig an der Synthese arbeiteten, schlugen unterschiedliche Synthesewege ein.

Das Merck-Team stellte zunächst nur Teilstücke des Enzyms her und verknüpfte diese zum Gesamtmolekül. Das eine Teilstück, das S-Protein, bestand aus 104 Aminosäuren und wurde seinerseits aus 19 Ketten-Bruchstücken bestehend aus je 3 bis 4 Aminosäure-Längen zusammengesetzt. Die zweite, kleinere Teilkette, das S-Peptid, bestand aus 20 Aminosäuren. Die zwei Teilstücke, bestehend aus 104 und 20 Aminosäuren, wurden dann in einem weiteren Arbeitsschritt zum fertigen Enzym miteinander verbunden. Die Synthese erforderte unzählige Arbeitsschritte der Reinigung und Verknüpfung und die Einhaltung von ganz bestimmten Reaktionsbedingungen.

Die Forschergruppe der Rockefeller-Universität verfolgte eine andere Strategie. Das erste Aminosäuremolekül wurde fest an eine mikroskopisch kleine Polystyren-Perle chemisch verankert und jedes der 123 weiteren Aminosäuren in der richtigen Reihenfolge schrittweise hinzugefügt. Der Prozess war voll automatisiert und erforderte 369 chemische Einzelreaktionen und 11931 Einzelschritte. Zwischen den einzelnen Arbeitsschritten musste der Roboter die überflüssigen Reagenzien abtrennen und die Verunreinigungen auswaschen, bevor die nächste Aminosäure angefügt werden konnte. Nach drei Wochen Arbeit war die Synthese geglückt und das fertige Enzym von der Perle abgelöst. Hervorzuheben ist, dass in Gegenwart von Wasser keine der oben geschilderten Reaktionsschritte ablaufen würde.

Eine schier unglaubliche Leistung: 369 Reaktionen und 11931 Einzelschritte mit hochgereinigten Chemikalien in hochtechnisierten Versuchsanordnungen waren nötig, um das Enzym Ribonuklease synthetisch herzustellen. Man fragt sich zu Recht: Wie konnte die Natur eine so hochkomplizierte Synthese ausgehend aus einem nicht gereinigten Gemisch verschiedener Amine, Säuren und Basen verschiedenster Art durchführen? Wer soll die unvorteilhaft zusammengesetzte Aminmischung der Ursuppe gereinigt, destilliert, rektifiziert, in der richtigen Zusammensetzung bereitgestellt haben? Im Laboratorium benötigt man dazu kompliziert aufgebaute Absorptions-Desorptionsanlagen mit zahlreichen Trennkolonnen, gefüllt mit künstlich hergestellten und speziell auf das Trennproblem zugeschnittenen Absorbentien. Wer hat rechtsdrehende und linksdrehende Aminosäuren voneinander getrennt? In chemischen Reaktionen entstehen immer beide Sorten zu gleichen Anteilen, das Leben verwendet aber nur die linksdrehende Form. Alles *die Affen der zufälligen Abläufe auf der Erdoberfläche*?

Die Antwort kann nur lauten: Es geht nicht. Man kann aus nicht gereinigten Aminosäuremischungen keine Enzyme synthetisieren.

Die erste Zelle

Im nächsten Schritt, so die Theorie, bildeten die Makromoleküle die sogenannten Protobionten, hypothetische Vorläufer des einzelligen Lebens, die bereits selbstständige chemische Reaktionen, Stoffwechsel und Erregbarkeit aufwiesen. (Bei dieser Behauptung handelt es sich nicht etwa um gesichertes Wissen, sondern lediglich um eine Vermutung.)

Dass solche optisch einer biologischen Zelle ähnlichen *Microspheres* unter bestimmten Bedingungen tatsächlich entstehen können, beweisen Versuche von Sidney W. Fox[40] und Alexander I. Oparin[41].

Fox konnte beim Erwärmen trockener Aminosäuremischungen ‚proteinartige' Substanzen erhalten, die in wässrigen Lösungen spontan winzige Tröpfchen bildeten. Die Tröpfchen können bei Zufuhr weiterer Monomere wachsen und sich in ‚Tochterzellen' teilen.

Oparin erzeugte aus Lösung von Histon und Gummi arabicum *Koazervattröpfchen* und versetzte diese mit einem Enzym. Er erhielt ähnliche Ergebnisse: Die Tröpfchen wuchsen und zerfielen in mehrere Tochtertröpfchen.

Man darf aber die Versuche von Sydney Fox, Alexander Oparin und anderen nicht überbewerten. Polymerdispersionen, die eine gewisse optische Ähnlichkeit mit Zellsuspensionen suggerieren, sind jedem Kunststoffchemiker bekannt und können auf vielerlei Art und aus den verschiedensten Stoffen entstehen. Bis heute konnte man mehr als 200 Koazervatsysteme herstellen. Diese an sich bekannte Erscheinung mit der Entstehung des Lebens in Verbindung zu bringen, ist zu weit hergeholt. Alle Bedenken, die ich im vorangehenden Kapitel über die Schwierigkeiten der Enzym- und DNS-Bildung aus einem Gemisch der in der Ursuppe vorhandenen nützlichen und störenden Amine und anderen organischen Verbindungen geäußert habe, gelten weiterhin.

Man kann und muss sich aber dem Problem der Polypeptidbildung auch von einer anderen Seite nähern.

STANLEY MILLER und LESLIE ORGEL fassten dieses Problem so zusammen:

> Another way of examining this problem is by asking whether there are places on the earth today where we could drop, say, 10 grams of a mixture of amino acids and obtain a significant yield of polypeptides ... We cannot think of a single such place.[42]

Die Urerde vor drei bis vier Milliarden Jahren war alles andere als ein Ort der Ruhe. Gewaltige Vulkanausbrüche, verheerende Erdbeben, Kontinentalverschiebungen, Erdrutsche, Meteoriteneinschläge und Überschwemmungen sorgten dafür, dass in regelmäßigen Zeitabständen kein Stein auf Stein blieb.

Die ‚Affen der zufälligen Abläufe auf der Erdoberfläche' hatten also keine Zeit, ‚einige hundert Jahrmillionen lang nach Belieben herum zu hämmern', um ‚dann aus den unzähligen bis dahin vollgetippten Blättern gewissermaßen in aller Ruhe einige' auszusuchen, wie DITFURTH es sich vorstellt.

Man kann sich auf der frühen Erde keine Brutstätte des Lebens vorstellen, die in einigen Hundert Millionen von Jahren nicht mehrfach zerstört worden wäre.

Der nächste Schritt, dass die Natur „dann das System zu einer effektiven, replikationsfähigen Einheit [optimierte], die dafür sorgt, dass Tochterzellen jeweils die gleichen chemischen Fähigkeiten haben wie die Zellen, aus denen sie hervorgehen“[43], ist eine ganz und gar unbewiesene Annahme, der im besten Fall der Status eines Glaubensbekenntnisses zukommt.

Chlorophyll-Synthese

Folgen wir weiter der Lehrmeinung und nehmen wir an, dass sich irgendwie, irgendwo, irgendwann, denn Näheres weiß man nicht, über die Stufe von Koazervaten, Mikrosphären und Eobionten durch voranschreitende Selbstmontage eine erste primitive Urzelle (vermutlich ein einzelliger Organismus) bildete, die zum Stoffaustausch und zur Teilung fähig war und dank dieser Fähigkeiten Nährstoffe aus der Umgebung aufnehmen und diese zur Vermehrung und zur Bildung weiterer Zellen verbrauchen konnte. Diese Zelle war auf abiotisch gebildete organische Moleküle als Nahrung angewiesen. Wie lange der *kleine warme Tümpel* solche, sich exponentiell vermehrende Urzellen ernähren konnte, hing vom Nahrungsvorrat ab. Irgendwann aber war der *Free Lunch* garantiert zu Ende. Man kann sicher davon ausgehen, dass sobald das Nahrungsangebot verbraucht war, ein *kleiner, warmer Tümpel* voll verhungerter, toter, übel riechender ‚Urzellen‘ entstanden wäre.

Mit Aufkommen der Photosynthese änderte sich das Bild. Die Zelle erlangte die Fähigkeit, die Energie des Sonnenlichts für die Synthese der eigenen Nahrung zu nutzen und damit ihr dauerhaftes Überleben zu sichern.

Zur Photosynthese benötigt die Zelle Chlorophyll, ein überaus kompliziertes Makromolekül (Abb. 6), dessen Synthese nicht viel einfacher ist als die Synthese von Proteinen oder anderen Naturstoffen.

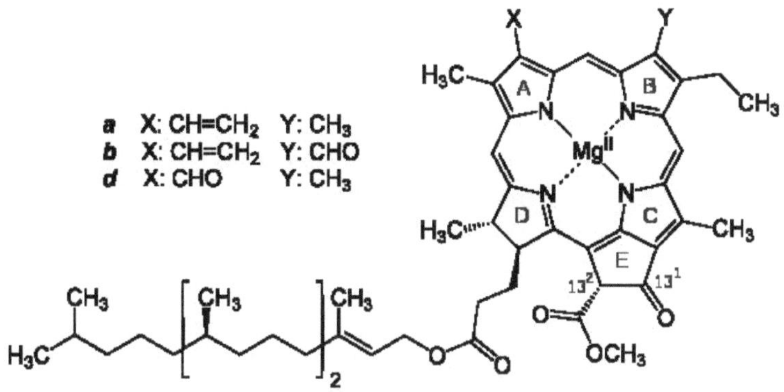

Abb. 6: Strukturbild des Chlorophylls

Die Synthese gelang nach langjährigen Versuchen erst 1960 einer amerikanischen und einer Münchener Forschungsgruppe[44] und erforderte 51 Reaktionsschritte in verschiedenen Lösungsmitteln und mit verschiedenen, luft- bzw. hydrolyseempfindlichen Reaktanten. Für seine Arbeiten zur Chlorophyllsynthese erhielt der Chemiker ROBERT B. WOODWARD 1960 den Nobelpreis.

Die Frage drängt sich auf: Wie konnte die Zelle eine derart komplizierte Synthese erfinden und durchführen? Nach der Lehre des Darwinismus sind es zufällige Mutationen, die die Zelle zur Anpassung und Höherentwicklung sowie zur Synthese immer neuer Naturstoffe befähigen. Einem aber einreden zu wollen, dass Kopierfehler nach dem Prinzip Zufall und Selektion eine Bakterie in die Lage versetzt haben könnten, eine so komplizierte Synthese wie die Herstellung eines Chlorophyllmoleküls zustande zu bringen, ist eine Zumutung für den menschlichen Intellekt.

6 Die Zelle – Das Wunderwerk einer vollendeten Nanotechnologie

Es ist absurd und absolut unsinnig zu glauben, dass eine lebendige Zelle von selbst entsteht; aber dennoch glaube ich es, denn ich kann es mir nicht anders vorstellen.
Ernest Kahane, Biochemiker

The notion that not only the biopolymers but the operating programme of a living cell could be arrived at by chance in a primordial organic soup here on the Earth is evidently nonsense of a high order.[45]
Fred Hoyle

Den baren Unsinn zu glauben, ist ein Privileg des Menschen.
Konrad Lorenz

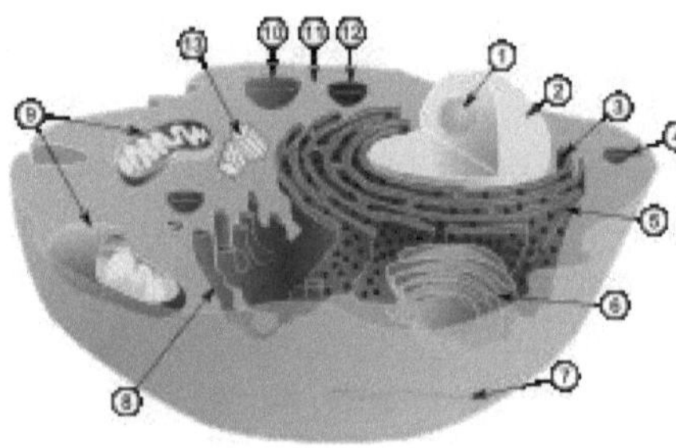

1. Nucleolus, 2. Zellkern (Nukleus), 3. Ribosomen, 4. Vesikel, 5. Raues Endoplasmatisches Reticulum (ER), 6. Golgi-Apparat, 7. Mikrotubuli, 8. Glattes ER, 9. Mitochondrien, 10. Lysosom, 11. Zytoplasma, 12. Mikrobodies, 13. Zentriolen

Abb. 7: Organisation einer typischen eukaryotischen Tierzelle

Unter den zahlreichen biologisch wichtigen Abläufen im Innern einer Zelle lassen sich einige erstaunliche Details finden, die im unvoreingenommenen Leser Zweifel erwecken dürften, ob eine lebende Zelle wirklich das Werk des *blinden Uhrmachers* (Dawkins: The Blind Watchmaker, 1986; Der blinde Uhrmacher, 1987) sein kann, sozusagen in Selbstmontage entstanden.

Die molekularen Bausteine der einzelnen Zellbestandteile, die in der Zelle mit einer erstaunlichen Präzision auf die Sekunde genau koordinierte, hoch spezifische Aufgaben verrichten, sind kompliziert aufgebaute Makromoleküle, die trotz der hoch entwickelten Experimentiertechnik, die Chemikern heute zur Verfügung steht, nur unter enormem Aufwand synthetisch hergestellt werden können.

Die lebende Zelle enthält und baut nicht nur eine Vielzahl von kompliziert konstruierten Molekülen wie die Proteine, diese bilden auch eine große Zahl molekularer Maschinen wie Scheren, Pumpen, Ventile, Ketten, Motoren und sogar Räder. Meisterwerke der Nanotechnologie – so perfekt gebaut und ihre Funktionen so fein aufeinander abgestimmt, dass es gemessen an unseren Möglichkeiten, Nanotechnologie zu betreiben, wie ein Wunder erscheint. Sie alle erfüllen hoch spezialisierte Funktionen und arbeiten mit der Genauigkeit eines Chronometers: Sie schalten zelluläre Schalter ein und aus und Produktionsmaschinen stellen andere molekulare Maschinen her und duplizieren sich selbst.[46] Ein anschauliches Beispiel dieses an eine computergesteuerte, hoch organisierte, voll automatisierte Produktionsstelle für *High Tech*-Erzeugnisse erinnernden Zusammenspiels bildet der Duplikationsvorgang der DNS, der im Zellkern stattfindet. Nach einer Beschreibung von VOLLMERT spielt sich bei vielzelligen Lebewesen die Replikation der DNS im Zellkern ab, der einen Durchmesser von etwa 10 µm hat. Eine anschauliche Methode, die chemischen Abläufe im Zellkern darzustellen, ist die Maßstabvergrößerung auf eine Größe, die zu auch im Alltagsleben üblichen Längenmaßen, mm, cm, m, km, führt, an Stelle der wenig anschaulichen Größen wie Angström oder µm (mümeter). Eine Vergrößerung um den Faktor 50 000 erweist sich als sinnvoll. Dabei entsteht aus dem 10 µm großen Zellkern ein Ball von etwa 50 cm Durchmesser. In so einen Ball werden nun 40-50 je 2 km lange (insgesamt 100 km!) 1/10 mm dicke Drähte hineingestopft. Anscheinend tatsächlich hineingestopft, denn die Stränge sind in einer nicht überschaubaren Art und Weise verknäult. Außerdem enthält der Zellkern die vier Enzyme Adenin, Thymin, Guanin und Cytosin, die ihrerseits kunstvoll spiralisierte und geknäuelte Fäden sind. In all diesem Gewirre km langer, verknäuelter Fäden müssen sich die Enzyme mit hoher Sicherheit zurechtfinden, mit einer Präzision, die nicht nur ein Menschenleben lang, sondern über Generationen hinweg ein fehlerfreies Kopieren gewährleistet.[47]

Betrachten wir zunächst den strukturellen Aufbau eines DNS-Moleküls:

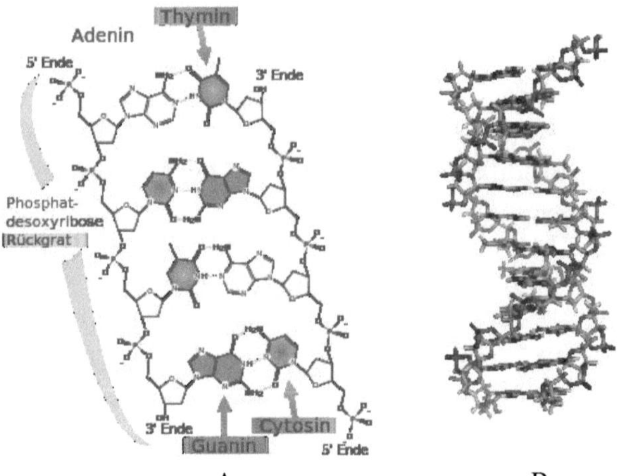

A B

Abb. 8: Struktur der Desoxyribonukleinsäure

Die Bausteine der DNS (Bild A) sind Zucker (Desoxyribose), Phosphatreste und die vier Nukleotidbasen Adenin, Cytosin, Guanin und Thymin, die in Form von zwei gegenläufigen Einzelsträngen angeordnet sind (Bild B). Die Moleküle sind innerhalb eines Einzelstranges durch kovalente Bindungen zu einem langen Strang verknüpft. Jeder Einzelstrang hat ein 5‘ Ende und ein 3‘ Ende. Am 5‘ Ende befindet sich ein Phosphatrest, am 3‘ Ende eine OH-Gruppe. An den Enden des

Stranges liegt je ein komplementäres Basenpaar, bestehend aus Adenin und Thymin bzw. Guanin und Cytosin, die mit Hilfe von Wasserstoffbrücken die zwei Einzelstränge miteinander verbinden. Die speziellen Bindungsverhältnisse bewirken dann, dass der so gebildete Doppelstrang sich zu einer kunstvoll gestalteten Doppelhelix windet (Bild B).

Die Replikation folgt einem bis aufs Feinste abgestimmten Mechanismus und schließt Mechanismen zur Entdeckung und Reparatur von Fehlern ein. Insgesamt sind etwa zwanzig Enzyme am Replikationsvorgang beteiligt.

Im Folgenden beschreibe ich nur eine vereinfachte Darstellung des Replikationsvorganges, um zu veranschaulichen, dass das Entstehen eines so hoch koordinierten Systems wie die Zelle eher an Intelligenz denn an ein Wirken der *Affen der zufälligen Abläufe auf der Erdoberfläche* erinnert.

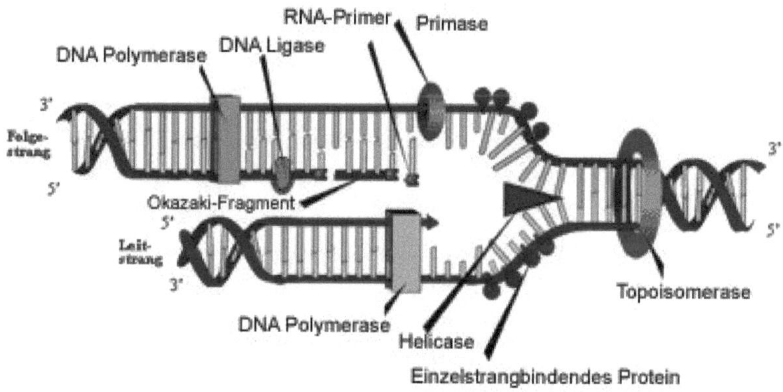

Abb. 9: Grafische Darstellung der Replikation

Die wichtigsten Enzyme, die man für die Replikation selbst benötigt, sind Topoisomerase, Helicase, RNA Primase, DNA Polymerase, RNase H und DNA Ligase. Der Ablauf der Replikation ist in Abb. 9 vereinfacht dargestellt.

1) Das Entdrillungsprotein Topoisomerase entwindet die DNA-Doppelhelix zu einem linearen DNS-Doppelstrang.
2) Daraufhin spaltet die Helicase wie eine molekulare Schere den entspiralisierten Doppelstrang der DNA zu zwei Einzelsträngen unter Bildung einer Replikationsgabel. Spezielle Proteine sorgen dafür, dass die Einzelstränge separiert bleiben.
3) Nun entsteht ein Problem, das *die Affen der zufälligen Abläufe* auf eine geniale Weise gelöst haben. Die DNS-Polymerase kann nur am 3‘ Ende des Stranges Nukleotide anfügen. Bevor die Replikation beginnen kann, muss die Primase eine wichtige Vorarbeit leisten. Die Primase synthetisiert zuerst an den 3‘ Enden sogenannte Primer, die für den Beginn der eigentlichen Replikation nötig sind und als Startpunkt dienen.
4) Am 3‘ Ende des Primers beginnt die DNA-Polymerase mit der Synthese von komplementären Basen, wodurch ein neuer DNA-Doppelstrang entsteht.
   Ein weiteres Problem kommt hinzu: Die DNA-Polymerase kann nur von 5‘ nach 3‘ ablaufen. Das führt dazu, dass am antiparallelen Strang (3‘ nach 5‘) die Synthese in entgegengesetzter Richtung ablaufen muss. Daher müssen immer wieder neue Primer gesetzt werden. Auf diese Weise entstehen zwischen den Primern einzelne neu synthetisierte Stücke der DNA, die sogenannten Okazaki-Fragmente.
5) RNase H entfernt nun die RNA-Primer aus der DNA und eine weitere DNA-Polymerase schließt die entstandenen Lücken mit komplementären Basen.
6) Das Enzym Ligase schließt dann die Lücken zwischen den Einzelstücken des Tochterstranges. Im Ergebnis sind jetzt zwei identische DNA-Stränge entstanden.

Das ganz und gar Unverständliche bei dieser Reaktion ist der Umstand, daß jeder DNS-Doppelstrang bei der Replikation nur *einmal* zur Reaktion gelangt, obwohl die DNS unverändert aus der Reaktion hervorgeht und weitere Monomere verfügbar wä-

> ren. […] Die Chromosomen liegen bei den höheren Organismen vor der Replikation schon in doppelter Ausfertigung vor (Diploidie), so daß nach der Replikation zwei homologe – d.h. einander in der Genfolge entsprechende, aber in der Nucleotidsequenz nicht identische – Chromosomen mit je zwei sequenz-identischen DNS-Doppelsträngen (Schwesterchromatiden) im Kern sind. Wenn eine Zelle sich zur Teilung anschickt, finden sich in all dem Gewirre die homologen Chromosomen paarweise zusammen, wie wenn auf einem Kasernenhof der Befehl zum Antreten gegeben wird. Sie müssen sich sehr präzise zusammen finden, denn eine Längsverschiebung von 0,01 mm auf 2 km Länge – im Modell – würde bereits eine Störung […] verursachen, die für das Lebewesen verhängnisvolle Folgen haben müßte.[48]

Während des Replikationsvorganges sorgen spezielle Reparaturenzyme dafür, dass gelegentlich auftretende Kopierfehler umgehend beseitigt werden. Die DNS-Polymerase hat die Aufgabe, die neu synthetisierten DNS-Stränge noch während der Synthese zu überprüfen und Fehler auszubessern. Dennoch ist diese Funktion ungenau und erfasst nicht alle Fehlerquellen. Zur Reparatur von anderen Kopierfehlern existieren unterschiedlich spezialisierte Reparaturenzyme und Mechanismen, welche z.B. die beschädigten Stücke herausschneiden und den Strang neu zusammensetzen.

In der Zelle müssen auch komplizierte Transportaufgaben gelöst werden. Die Zelle produziert ständig neue Proteine, die alle zu ihren Bestimmungsorten weitertransportiert werden müssen. Sie enthalten daher ein Teilstück mit der genauen Adresse des Bestimmungsortes. Wie hat der Zufall dieses lebenswichtige Adressierungsproblem gelöst? Was koordiniert dieses mit einer unvorstellbaren Präzision synchronisierte Geschehen? Fragen und Mechanismen, die auf eine Erklärung warten.

Die lebende Zelle ist ungeheuer komplex. Allein in einer einzelnen Coli-Zelle sind 2000 Enzyme tätig und halten das Leben dieses winzigen Bakteriums aufrecht. In der winzigen Zelle finden jede Sekunde Tausende chemische Reaktionen statt. MANFRED EIGEN ist es gelungen, die Geschwindigkeit zu messen, mit der biochemische Reaktionen in der Zelle ablaufen. Er fand, dass bestimmte Reaktionen innerhalb von hunderttausendstel Sekunden ablaufen können, eine Geschwindigkeit, die in der experimentellen Chemie außerhalb aller Möglichkeiten liegt. Für diese Leistung erhielt er 1967 den Nobelpreis für Chemie.

Wer ernsthaft glaubt, dass ein Präzisionswerk wie eine lebende Zelle von alleine entstehen konnte, könnte mit einer größeren Wahrscheinlichkeit behaupten, dass die Steingiganten von Rapa Nui (Polynesien) zufällige Gesteinsformationen sind.

Darwinisten glauben aber unerschütterlich daran, dass die Synthese von DNS und der ersten Enzyme wie auch die Bildung der Urzelle durch Selbstmontage geschah. Sie sind davon überzeugt, dass die Natur irgendeinen Weg gefunden haben muss, aus den unbelebten Rohstoffen der Uratmosphäre eine lebende Zelle zu bauen.

Betrachtet man aber die Komplexität nur einer einzelnen lebenden Zelle, kommen ernsthafte Zweifel auf. Auch MANFRED EIGEN, ein überzeugter Darwinist, glaubt nicht so recht an Zufall und Selbstmontage und schreibt: „Nicht der Zufall, sondern die Naturgesetze haben die Entstehung des Lebens gesteuert."

Welche Naturgesetze aber? Wir kennen sie nicht und der vage Hinweis auf die Selbstorganisation der Materie ist, auf die Entstehung des Lebens angewendet, nicht viel mehr als eine Worthülse. Der Weg zur Entstehung der ersten lebenden Zelle aus der Ursuppe liegt tiefer im Dunkeln, als es uns die Verfechter der chemischen Evolution glaubhaft machen wollen.

Auch RICHARD DAWKINS, der wohl kompromissloseste Verfechter des Neodarwinismus, erkennt die z.Z. unüberwindbar scheinenden Schwierigkeiten, die mit der Entstehung von DNS und Enzymen und der Entstehung der ersten lebenden Zelle unter Ursuppenbedingungen verbunden sind und fordert eine Theorie, ‚die dem gewöhnlichen menschlichen Bewusstsein offensichtlich als Wunder vorkommt', dies sei ‚genau das, worauf wir in dieser speziellen Frage der Entstehung des Lebens suchen sollten'. – In Gottes Händen darf dieses Wunder ganz spezieller Art aber keines Falls liegen, wenn es nach DAWKINS geht.

ERSTE SCHLUSSFOLGERUNG:
Die chemische Evolution, die Entstehung der ersten lebenden Zelle aus den anorganischen Bestandteilen der Uratmosphäre, hat niemals stattgefunden.

Argumente, die diese These stützen, wurden in den vorangehenden Abschnitten angeführt. Hier noch einmal das Wesentliche: Die wässrige Lösung der Ursuppe (und dies gilt für alle anderen möglichen Brutstätten des Lebens auch) war ein Vielstoffgemisch aus zahlreichen organischen Verbindungen, wobei Verbindungen, die die Polymerisation der Aminosäuren blockieren – monofunktionelle Amine wie Methylamin und Äthylamin – weit in Überzahl waren. Es gab enorm viele Möglichkeiten zur Verbindung miteinander, welche Polymere, welche Komplexe sie bildeten. Die Wahrscheinlichkeit der Bildung eines Enzyms mit geordneter Folge der Aminosäuren lag nahe bei Null. Jeder vernünftige Chemiker würde es als reine Zeitverschwendung betrachten, aus einer solchen

„Pantsche" ohne eine vorangehende sorgfältige Trennung und Reinigung der Bestandteile DNS, irgendwelche Enzyme oder andere komplex zusammengesetzte organische Moleküle synthetisieren zu wollen.

Man kann die herausragenden Leistungen von MANFRED EIGEN auf dem Gebiet der Biochemie nicht hoch genug bewerten. Seine Forschungen haben viel zum Verständnis der molekularen Abläufe in der Zelle beigetragen, die bereits jetzt ihre Früchte tragen.

Seine Versuche aber, die er mit hochgereinigten Chemikalien unter absolut sterilen Bedingungen in gereinigten, kompliziert aufgebauten Versuchsanordnungen und unter genau eingestellten Reaktionsbedingungen durchführte, beweisen auch eindrucksvoll: An eine DNS- oder Enzymsynthese ist unter Ursuppenbedingungen nicht zu denken.

MANFRED EIGEN beschreibt ein zu optimistisches Bild, das dem Stand unseres Wissens über die abiotische Entstehung des Lebens nicht gerecht wird. Heute sind wir weit davon entfernt, lückenlos nachzeichnen zu können, wie sich die ersten Gene bildeten, im Konkurrenzkampf verbesserten und mit primitiven Enzymen in Wechselwirkung traten. Ein Vorgang, der schließlich zu der heute bekannten Vielfalt von Leben auf der Erde führte.

Nobelpreisträger GEORGE WALD sagte dazu:

> We tell this story to beginning students of biology as though it represents a triumph of reason over mysticism. In fact it is very nearly the opposite. The reasonable view was to believe in spontaneous generation; the only alternative, to believe in a single, primary act of supernatural creation. There is no third position.[49]

Teil II

Alles ist eitel [...]
Was die unschuldig verurteilten Menschen betrifft, dachte ich mir: Gott hat sie herausgegriffen um zu zeigen, dass sie eigentlich Tiere sind. Denn wenn man das Geschick jedes Menschen mit dem der Tiere vergleicht: Sie haben ein und dasselbe Geschick. Wie diese sterben, so sterben jene. Beide haben ein und denselben Atem. Beide gehen an ein und denselben Ort. Beide kommen vom Staub her, beide kehren zum Staub zurück. Wer weiß, ob die Seele der einzelnen Menschen wirklich nach oben steigt, die Seele der Tiere aber ins Erdreich hinabsinkt?
Prediger Salomo 3, 18-22

Wenn der Mensch diesen verschwommenen Abbildern seiner selbst von Angesicht zu Angesicht gegenübersteht, wird sich selbst der Gedankenloseste eines gewissen Schauers bewusst, wobei dieser Schock vielleicht weniger auf Abneigung und Ekel gegenüber dem Anblick dessen basiert, was wie eine beleidigende Karikatur aussieht, als vielmehr auf dem Erwachen eines plötzlichen, grundlegenden Misstrauens gegenüber den althergebrachten Theorien und festverwurzelten Vorurteilen: Es geht um seine eigene Stellung in der Natur und seine Beziehungen zu den Niederungen des Lebens. Was für den Gedankenlosen vage Vermutung bleibt, wird für alle, die mit dem kürzlichen Fortschritt der ... Wissenschaft vertraut sind, zu einem gewaltigen Beweis mit weitreichenden Konsequenzen.[50]
Thomas Henry Huxley

7 Die Evolutionstheorie

In seinem epochalen Werk „Die Entstehung der Arten“ stellte Darwin eine Reihe von grundlegenden Thesen auf, die die Entstehung und Höherentwicklung der Arten beschreiben.

Die wichtigsten seiner Thesen besagen:

1) Die heute beobachtbare Natur, die gesamte Tier und Pflanzenwelt, ist nicht statisch, sondern langsamen Veränderungen unterworfen und bringt ständig neue Variationen hervor.

2) Die Variationen entstehen allmählich und kontinuierlich in kleinen Schritten über die gesamte Zeit der Evolution. Es gibt keine Sprünge und plötzlichen Veränderungen.
3) Den Grund für die Evolution erkannte DARWIN in der natürlichen Auslese, d.h. in der Selektion der neu auftretenden Variationen, die die weniger gut angepassten Lebensformen ausscheidet.
4) Die Entstehung höherer Arten erfolgt graduell, durch Akkumulation von unsichtbar kleinen Veränderungen über eine Vielzahl von Zwischenstufen, die Übergangsformen zwischen den zwei Arten bilden.
5) Er postulierte, dass einander ähnliche Arten miteinander verwandt sind und von einem gemeinsamen Vorfahr abstammen. Er zog auch den weitreichenden Schluss, dass alles Lebendige von einem gemeinsamen Vorfahr abstammt. DARWIN hat auch den Menschen in diese Entwicklungsreihe eingereiht, mit weitreichenden ethischen, philosophischen und gesellschaftlichen Folgen.

Die Idee vom gemeinsamen Urahn wurde von DARWIN als eine Art Lebensbaum dargestellt, mit dem Menschen an der Spitze, einen kleinen Evolutionsschritt über dem Schimpansen stehend.

Die Genforschung bestätigt, dass der Unterschied im Genom des Menschen im Vergleich zu dem des Schimpansen nur 1,5-2 % beträgt.

Mit Hilfe der modernen *Sequenzanalyse spezifischer Eiweißkörper*, der sogenannten Enzyme, ist es heute möglich, den zeitlichen Abstand der evolutiven Entwicklung zwischen zwei Arten zu berechnen.[51]

Abb. 10: Baum des Lebens nach Darwin

Enzyme sind Katalysatoren, die in der Zelle den Ablauf chemischer Reaktionen selektiv beschleunigen. Ein wichtiges Enzym für alle Lebewesen ist Cytochrom c, ein sogenanntes Atmungsferment. Seine Aufgabe besteht in der Übergabe des von Blut transportierten Sauerstoffs in das Innere der Zelle; die innere Atmung wird bei allen Lebewesen durch dasselbe Enzym bewirkt. Cytochrom c besteht bei fast allen Lebewesen aus 104 Aminosäure-Gliedern, die in einer streng vorgegebenen Reihenfolge miteinander verknüpft sind. Seine spezifische Wirkung ist in seiner Aminosäuresequenz codiert, d.h. in der Reihenfolge der immer gleichen 20 Aminosäuren, die das Enzymmolekül bilden.

Durch eine genaue Sequenzanalyse konnte man feststellen, dass es z.B. bei Huhn, Hund, Affe und Mensch kleine Unterschiede in der Aminosäuresequenz gibt. Man nimmt an, dass die Unterschiede durch zufällige Mutationen im Laufe von

Jahrmillionen zustande gekommen sind. Molekularbiologen sind heute in der Lage, mit hoher Genauigkeit die Wahrscheinlichkeit zu berechnen, mit der eine Mutation, d.h. Aminosäureaustausch, an einer ganz bestimmten Stelle von Cytochrom c erfolgen kann. Unter Einbeziehung weiterer Evolutionsfaktoren errechnete man, dass wir und das Huhn vor 280 Millionen Jahren einen gemeinsamen Vorfahren hatten.

Abb. 11: Verwandtschaften

8 Für und Wider die Evolutionstheorie

Darwins Theorie ist die heute allgemein anerkannte Theorie über die Entstehung und Vielfalt der Arten, und Biologen, Genforscher, Paläontologen und Wissenschaftler anderer Wissenschaftszweige glauben, genügend Beweise für ihre Richtigkeit erbracht zu haben. Die Evolutionstheorie gilt heute in den Augen der meisten Naturwissenschaftler als bewiesen.

Vieles von Darwins Einsichten über Veränderungen in der belebten Natur ist zweifelsohne richtig. Seiner These, dass die belebte Natur Veränderungen unterworfen ist, kann man vorbehaltlos zustimmen.

Auch die Tatsache, dass Evolution stattgefunden hat, ist unbestritten. Beweise dafür liegen klar vor unseren Augen. Das sukzessive Auftreten immer komplexerer Arten in aufeinanderfolgenden Epochen der Erdgeschichte ist eine starke Stütze dafür: Eukaryoten, vielzellige Pflanzen und Tiere, Säugetiere, Vögel, Primaten, der Homo erectus, Neandertaler und der Mensch treten getrennt in dieser Reihenfolge auf.

Ebenso unbestritten ist, dass die Selektion, die das Überleben der besser angepassten Variationen begünstigt, die weniger gut angepassten aber ausmerzt, ein wirksames Prinzip sein kann. Man nennt diesen Prozess *Survival of the fittest*: Beste Überlebenschancen haben Variationen, die dem Konkurrenzkampf mit Artgenossen, mit natürlichen Feinden und Umweltbedingungen am besten gewachsen sind.

An dieser Stelle sei aber bemerkt, dass es einen weiteren Prozess der Auslese gibt, den ich als *Survival of the lucky* bezeichnen möchte.

Denken wir dabei an die Dinosaurier, die bestimmt nicht deshalb ausgestorben sind, weil eine besser angepasste Spezies sie verdrängt hat. Man vermutet vielmehr, dass eine gewaltige Naturkatastrophe zu ihrem Aussterben führte. Auch das plötzliche Verschwinden der Ammoniten, eine ausgestorbene Gruppe von Kopffüßern, die für 350 Millionen von Jahren ohne größere Veränderungen die Meere bewohnten, lässt sich nicht als Folge der natürlichen Selektion erklären. Z.B. Naturkatastrophen oder plötzliche Klimaänderungen können die Bestangepassten ausgemerzt, die weniger gut angepasste, von der Katastrophe nicht betroffene Spezies aber verschont haben.

Bei kritischer Betrachtung ergeben sich auch schwerwiegende Unstimmigkeiten der Evolutionstheorie mit gesicherten Erkenntnissen der Paläontologie.

Im Folgenden möchte ich mich nur mit solchen Bedenken auseinandersetzen, die DARWIN selbst an seiner Theorie äußerte und die bis heute nicht zufriedenstellend ausgeräumt werden konnten.

DARWIN behauptete, dass die Evolution graduell verläuft, als Akkumulation von kleinen Schritten erst zu einer Diversifikation der Arten führt und dann langsam, über eine Vielzahl von Übergangsformen schließlich eine neue, höhere Art hervorbringt.

Das Beweismaterial spricht klar gegen diese These.

DIE KAMBRISCHE EXPLOSION

Die Geschichte der vielzelligen Lebewesen umfasst rund 600 Millionen Jahre und beginnt mit einem bis heute noch rätselhaft erscheinenden Vorgang, dem plötzlichen und massiven

Auftreten von vielzelligen Tieren mit harten Teilen in einer erdrückend großen Vielfalt: Arthropoden, Gliederfüßer wie Insekten, Tausendfüßer, Krebstiere, Spinnentiere (z.B. Spinnen, Skorpione, Milben) und Trilobiten, eine ausgestorbene Klasse Meeresbewohner. Man bezeichnet diesen Vorgang bzw. den Übergang zwischen Präkambrium und Kambrium vor etwa 570 Millionen Jahren als die *Kambrische Explosion.*

Für DARWINS Theorie der langsam verlaufenden Evolution unter Entstehung immer komplexerer Organismen bedeutete die Kambrische Explosion ein großes Problem. Nach seiner Theorie war es ausgeschlossen, dass das Leben mit so komplexen Organismen wie den Trilobiten begann. Nach seiner Theorie müssten diese anatomisch komplexen Lebewesen primitive Vorläufer haben. Bedeutende Geologen seiner Zeit waren aber der Ansicht, dass organische Reste und Fossilien der Silurschichten die ältesten Lebensspuren darstellen. Fossilien und Lebensspuren aus dem Präkambrium waren zu DARWINS Zeiten nicht bekannt.

DARWIN erkannte dieses Problem selbst und schrieb:

> Auf die Frage, warum wir in der vorkambrischen Zeit keine reichen fossilführenden Ablagerungen finden, vermag ich keine befriedigende Antwort zu geben. [...] Die Frage muß also vorerst unbeantwortet bleiben; sie wird mit Recht als wesentlicher Einwand gegen die hier entwickelten Ansichten vorgebracht werden.[52]

Er hoffte auf zukünftige, bisher nicht entdeckte Fossilienfunde aus der präkambrischen Zeit. Diese Lücke konnte erst in den letzten ca. 50 Jahren mit dem Auffinden von reichhaltigen Funden aus dem Präkambrium geschlossen werden. Mehrere Fundstellen wurden gefunden und ausgewertet.

Man fand Überreste primitiven tierischen Lebens in Gesteinen mit einem Alter von etwa 700 Millionen Jahren. Sie hinterließen ihre Spuren im Gestein nur in Form von Aushöhlungen, die sich nach Größe und Aussehen mit heute lebenden Seetieren vergleichen lassen.

Die zweitältesten tierischen Fossilien wurden in Australien gefunden, in der sogenannten Ediacara-Fauna, welche bereits viel komplexeren Lebewesen zuzuordnen ist, nämlich Weichkörpertieren aus der Zeit vor zwischen 680-580 Millionen Jahren.

Die ältesten Funde von Skeletttieren datieren aus der Zeit vor rund 580 Millionen Jahren, die nächsten 10 bis 20 Millionen Jahre brachten dann eine regelrechte Explosion von vielzelligen Lebewesen mit harten Teilen.

Mit der Kambrischen Explosion tauchen praktisch ohne Übergang alle Hauptgruppen neuzeitlicher Tiere ohne Zwischenstufen auf.

Botschaft aus dem Burgess-Shale

Der Burgess-Shale liegt im Westen von Nordamerika, in British Columbia. Er wurde 1909 vom US-amerikanischen Paläontologen Charles Doolittle Walcott entdeckt und ausgewertet. Sein Entstehen wird einem Zeitpunkt vor etwa 530 Millionen Jahren zugeordnet, er repräsentiert die größte und bedeutendste Weichkörper-Fauna der Welt.

Die Tierwelt des Burgess-Shale ist nicht identisch mit der Tierwelt aus der Zeit der Kambrischen Explosion. Der Burgess-Shale ist deshalb bedeutungsvoll, weil er so gut erhaltene Weichkörper in großer Zahl enthält, dass diese eine dreidimensionale Rekonstruktion der darin lebenden Tierwelt erlaubten. In der Burgess-Fauna findet man die seltsamsten Tiere in großer Zahl: Opabinia mit fünf Augen, Anomalocaris mit kreisförmigem Gebiss, Hallucigenia mit einer furchteinflößenden Anatomie.

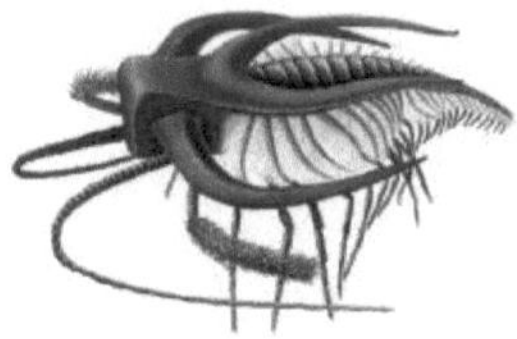

Opabinia

Anomalocaris

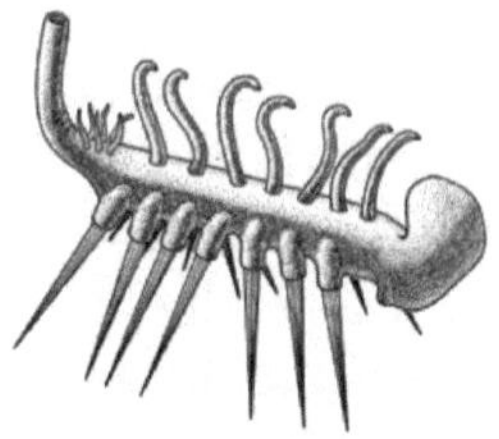

Hallucigenia

Abb. 12: Tiere aus dem Burgess-Shale[53]

In der Folgezeit wurden weitere reichhaltige Faunen rund um die Erde entdeckt und die Fossilienfunde ausgewertet. Das ausgewertete Material enthielt für DARWIN eine gute und eine schlechte Nachricht:

Die gute Nachricht war, dass primitive Lebewesen in der präkambrischen Zeit tatsächlich in großer Zahl existiert haben.

Die schlechte Nachricht: Man konnte anhand der Fossilienfunde keine Zunahme der Komplexität nachweisen. Man fand nur eine enorme Diversifikation, aber keine Höherentwicklung.

Abb. 13: Neues Ikonogramm des Evolutionsverlaufs (in Anlehnung an Lit: G, S. 45)

Fossilienfunde aus der Zeit der Kambrischen Explosion und die vollständige Rekonstruktion der Tierwelt im Burgess-Shale zwingen uns, unser Bild vom Verlauf der Evolution gründlich zu revidieren. Das rechte Bild in Abb. 13 zeigt ein Ikonogramm, in dem sich die Erkenntnisse aus den neuen Befunden niedergeschlagen haben. Der Lebensbaum schießt nicht in die Höhe, sondern verläuft in die Breite. D.h. man beobachtet eine enorme Diversifikation, aber keine Höherentwicklung.

Sollte aber DARWINS Theorie stimmen, müsste es im Präkambrium eine Fülle von Zwischenstufen von einfacheren zu höheren Lebewesen gegeben haben. DARWIN selbst räumte diese Notwendigkeit ein und schrieb:

> Wenn daher meine Theorie richtig ist, so müssen unbestreitbar vor der Ablagerung der untersten kambrischen Schichten lange Perioden verflossen sein, ebenso lange oder noch längere als der ganze Zeitraum von damals bis heute, und es muß ferner in dieser großen Periode auf der Erdoberfläche von Geschöpfen gewimmelt haben.[54]

Es hat aber nicht gewimmelt. Weder damals noch in späteren Epochen der Evolution. Übergangsformen scheinen einfach nicht zu existieren. Für Makroevolution gibt es keinen einzigen gesicherten Beleg. Die Erwartungen, die man z.B. in Archäopteryx, ein vermutetes Zwischenglied zwischen Dinosaurier und Vogel, gesetzt hat, haben sich in Luft aufgelöst. In einem im „Journal of Morphology" veröffentlichten Artikel heißt es, dass

> [...] [zunehmende] Beweise [dafür sprechen], dass Vögel und vogelähnliche Theropoden [L.M.: eine Gruppe von Dinosauriern] verschiedenen Zweigen des Hauptastes der Theropoden angehörten. Sie bilden ein Relikt einer frühen Artenspaltung, in der alle möglichen Stadien von Flugfähigkeit ausgeprägt waren.[55]

Demnach kein Zwischenglied, sondern eine eigene Art.

Man hat sich jede erdenkliche Mühe gegeben, solch ein heiß begehrtes Exemplar eines Zwischengliedes zwischen zwei Arten aufzufinden und schreckte dabei auch nicht vor Fälschungen zurück (dieses geistreiche Vorgehen ist aber Gott sei Dank nicht charakteristisch für Paläontologen).

Ein berühmtes Beispiel dafür ist der Piltdown-Mensch: CHARLES DAWSON, ein britischer Rechtsanwalt und Amateurarchäologe, berichtete 1908 vom Fund eines Fragmentes eines menschlichen Schädels in einer Kiesgrube in der Nähe des Dörfchens Piltdown im Osten von Sussex. In der darauffolgenden Zeit fand er noch mehr Schädelfragmente, die er ARTHUR SMITH WOODWARD, dem Kustos der geologischen Abteilung des British Museum und späterem Präsident der Geological Society of London, übergab und ihn um ein Gutachten bat. WOODWARD interpretierte die angefertigte Rekonstruktion als ein *Missing Link* zwischen Menschenaffe und Mensch. Am 18. Dezember 1912 berichteten beide auf einer Sitzung der Geological Society von dem epochemachenden Fund. Der Piltdown-Mensch wurde aber 1953 als Fälschung entlarvt:

> Die Knochenfunde bestehen aus einem mittelalterlichen Menschenschädel, dem 500 Jahre alten Unterkiefer eines Orang-Utans und den fossilen Zähnen eines Schimpansen. Das Aussehen von hohem Alter wurde erzeugt, indem man die Knochen mit einer Eisenlösung und Kaliumdichromat einfärbte. Schwierigkeiten machte bei der Fälschung der Bereich, an dem der Kiefer an den Schädel anschließt, da jener sich bei Affe und Mensch in der Form deutlich unterscheidet. Dieses Problem löste man, indem man die verräterischen Enden des Kiefers abbrach.[56]

Es ist möglich, dass die Piltdown-Fälschung zunächst als Streich gedacht war (dessen Urheberschaft bis heute ungeklärt ist), der sich dann verselbstständigte. Zur Ehrenrettung der daran beteiligten Wissenschaftler wollen wir das einmal annehmen.

Trotzdem stellt sich die Frage, wie renommierte Wissenschaftler der Zeit so lange und willig auf eine plumpe Fälschung reinfallen konnten.

> Der Blödsinn konnte nur deshalb so lange unentdeckt bleiben, weil der Fund bestehende Erwartungen schlagartig zu bestätigen schien. – Alles, was skeptisch hätte machen können, wurde fortan rigoros ausgeblendet.[57]

9 Mutationen

Darwin wusste nicht, was die von ihm vermuteten kleinen Veränderungen verursachte, die nach seiner Theorie im Laufe der Zeit zu einer Höherentwicklung der Arten führte. Erst die moderne Genetik, basierend auf der Entschlüsselung der atomaren Struktur der DNS durch Francis H.C. Crick und James D. Watson[58] im Jahre 1953, lieferte eine wissenschaftlich fundierte Erklärung: Die DNS unterscheidet sich von allen anderen Molekülen dadurch, dass sie sich selbst vervielfältigen (replizieren) kann. Der Vorgang der Replikation erfolgt mit hoher Präzision, gelegentlich aber geschehen Kopierfehler und man nennt diese Kopierfehler Mutationen. Eine Genmutation liegt bereits vor, wenn in der DNS nur eine Base verändert wird. Sie tritt bei Eukaryoten je nach Art einmal pro ca. 10^8 bis 10^{11} Basenpaaren und Replikationsvorgang auf. Genmutationen durch Kopierfehler entstehen in statistischer Weise und man kann davon ausgehen, dass sie innerhalb einer gewissen, statistischen Bandbreite zeitlich konstant verlaufen und ständig neue Variationen hervorbringen, die entweder überleben oder durch das Sieb der Selektion fallen.

Diese Deutung der Entstehung von Variationen war mit Darwins Theorie der langsamen Veränderungen (Gradualismus) vorzüglich vereinbar, nicht aber mit gesicherten Ergebnissen der Paläontologie.

Stasen

Es gilt heute als gesichert, dass die Evolution des Lebens keine kontinuierliche Entwicklung nahm, sondern in plötzlich auftretenden Schüben erfolgte. Fossilienfunde belegen das Fehlen jeglicher Veränderung über sehr lange Zeiträume hinweg, sodass man heute noch zahlreiche, manchmal skurril anmutende Lebewesen, ‚lebende Fossilien' findet, die sich in Millionen von Jahren nicht verändert haben:

- Viren, Bakterien und Schimmelpilze seit dem Präkambrium
- Schwämme, Schnecken und Quallen seit dem Kambrium
- Moose, Seesterne und Würmer seit dem Ordovizium
- Skorpione und Korallen seit dem Silur
- Haie und Lungenfische seit dem Devon
- Farne und Schaben seit dem Karbon
- Käfer und Libellen seit dem Perm
- Föhren und Palmen seit der Trias
- Krokodile und Schildkröten seit dem Jura
- Enten und Pelikane seit der Kreide
- Ratten und Igel seit dem Paläozän
- Lemuren und Nashörner seit dem Eozän
- Biber, Eichhörnchen und Ameisen seit dem Oligozän
- Kamele und Wölfe seit dem Miozän
- Pferde und Elefanten seit dem Pliozän

Aufgrund des Evolutionsmodells erwartet man, dass sich die Arten in einem ständigen Wandel befinden. Stattdessen werden sie in der Regel in allen geologischen Schichten, in denen sie auftreten, unverändert vorgefunden. Die Querverbindungen zwischen den Arten fehlen komplett.[59]

Zwei Beispiele seien kurz erörtert:

Der Quastenflosser, ein urtümlich aussehender Fisch, galt als vor etwa 70 Millionen Jahren ausgestorben. 1938 ging Fischern im Indischen Ozean ein seltsamer Fisch ins Netz. Bei näherer Untersuchung entpuppte er sich als der lange ausgestorben geglaubte Quastenflosser. Nach Sezieren des Fisches wurde festgestellt, dass er in Jahrmillionen so gut wie keine evolutionäre Veränderung durchgemacht hat.

Ein anderes Beispiel bietet die Fruchtfliege, wegen ihrer schnellen Vermehrungsrate ein beliebtes Experimentierobjekt der Genetiker. Im Blick auf die berühmten Fruchtfliegenexperimente beobachtete PIERRE-P. GRASSÉ:

> Die Fruchtfliege [...] als das Lieblingsinsekt der Genetiker, dessen geographische, biotropische, städtische und ländliche Genotypen jetzt bis ins Detail bekannt sind, scheint sich seit erdenklichen Zeiten nicht verändert zu haben.[60]

Die Fruchtfliege hat in Tausenden von Experimenten keine neue Art hervorgebracht. Sie blieb, was sie immer war, eine Fruchtfliege – Befunde, die der Theorie des Gradualismus widersprechen und nach einer Erklärung verlangen.

Eine besonders bemerkenswerte Erklärung für Stasen wurde ausgerechnet von einem der radikalsten Neodarwinisten, RICHARD DAWKINS, vorgebracht: „Weitere Evolution fand nicht statt, weil keine Notwendigkeit zu einer evolutionären Veränderung bestand."

Eine ganz und gar undarwinistische Begründung. Kopierfehler kümmern sich nicht um den Bedarf, so wie z.B. die Lottozahlen auch keine Rücksicht auf die Bedürftigkeit der Spieler nehmen. Sie passieren einfach, ihrem Wesen nach zufällig. Der Fossilbericht lässt die Thesen der Diversifikation über langsame Veränderungen und der Entstehung höherer Arten über Zwischenstufen einfach nicht zu. Solche Ruhepausen der Evolution sind weder mit der These der langsamen, stetigen Veränderungen vereinbar, wie von DARWIN gefordert, noch mit der statistischen Natur der Genmutationen, die als Ursache für die Diversifikation gelten. Mit einer statistischen Wahrscheinlichkeit auftretende Genmutationen machen keine Pause. Nach der Lehre der Genetik verlaufen sie mit einer zeitlich konstanten Rate. (Dass Röntgen- und kosmische Strahlung erhöhte Mutationsraten, Genschädigungen, hervorrufen können, ist hinreichend bekannt. Mit der Evolution des Lebens haben aber solche Beobachtungen nichts zu tun.) Die darwinistische Annahme, dass die Evolution stets graduell verlief, erweist sich als nicht länger haltbar. Damit gerät auch die These der Veränderung durch zufällige Mutationen ins Wanken.

Dass es zufällige Mutationen gibt, die Auswirkungen auf die Entwicklung von Lebewesen haben können, sei unbestritten. Sie sind aber in den meisten Fällen neutral, d.h. weder gut noch schlecht, öfter sind sie Ursache für Erbkrankheiten und können sogar zum Tode führen. Man hat aber nur wenige bis gar keine Belege dafür, dass gelegentlich auch nützliche Mutationen stattfinden, die für das betroffene Individuum einen Überlebensvorteil bieten.

Außerdem sind Mutationen sehr seltene Ereignisse. MURRAY EDEN, Professor für Elektrotechnik am MIT, errechnete,

> […] daß, wenn lediglich sechs Mutationen erforderlich wären, um eine adaptive Veränderung zu bewirken, dies durch Zufall nur einmal in einer Milliarde Jahren geschehen würde[61],

und das sei ‚wenig gemessen am langen Weg von der Amöbe zum Menschen, um eine adaptive Veränderung zu bewirken‘.

Bei zwölf erforderlichen Mutationen wären gar zehn Milliarden Jahre nötig, um eine neue Art zu bilden. Unsere Erde ist aber erst 4,5 Milliarden Jahre alt.

ZWEITE SCHLUSSFOLGERUNG:
Zufällige, mit zeitlich konstanter Rate stattfindende Mutationen spielten bei der Evolution des Lebens keine entscheidende Rolle.

Die vorgebrachten Einwände würden DARWINS Theorie natürlich noch lange nicht zu Fall bringen, sie müsste nur den neuen, zu DARWINS Zeiten nicht bekannten Erkenntnissen angepasst werden. Natürlich ist es wissenschaftlich grundsätzlich angemessen, eine Theorie zu revidieren, die sich in Teilen als unvollständig erwiesen hat, und sie neueren Erkenntnissen anzupassen.

Eine solche Änderung haben 1972 STEPHEN JAY GOULD und NILES ELDREDGE[62] vorgenommen und entwickelten die Theorie der *variablen Geschwindigkeit*, ein Kompromiss zwischen DARWINS Idee der allmählichen, stetigen Veränderungen und der paläontologischen Beobachtung, die besagt, dass die Evolution in Schüben erfolgte. Die Theorie der *kontinuierlich variablen Geschwindigkeit* nimmt an, dass die Evolutionsraten nicht konstant sind, sondern von kontinuierlich zu sehr schnell hin zu sehr langsam und Stopp reichen.[63] Eine Konsequenz der neuen Theorie besteht darin, dass Zeiten der sprunghaften Entstehung neuer Arten geologisch gesehen zwar kurz sind, in unseren Zeitmaßstäben aber Dekaden von Jahrmillionen umfassen. Neue Arten entstanden zwar in geologisch relativ kurzen Zeiträumen, aber, wie von DARWIN gefordert, über Zwischenglieder.

Die unbequeme Tatsache, dass Zwischenglieder trotz intensiver Suche nicht auffindbar sind, besteht aber auch in der Theorie der variablen Geschwindigkeiten weiter und sie ist schwerwiegend.

DARWIN schrieb dazu im Kapitel „Die Lückenhaftigkeit der geologischen Urkunden“:

> Warum wimmelt [...] nicht jede geologische Formation und jede Schicht von Zwischengliedern? Die Geologie zeigt uns keineswegs eine ununterbrochene Kette organischer Wesen, und das ist vielleicht der ernsthafteste Einwand, der gegen meine Theorie erhoben werden kann.[64]

> [Die] geologischen Urkunden [sind] im Ganzen äußerst unvollkommen.[65]

> [Wir haben] kein Recht, in unseren geologischen Formationen eine unendliche Zahl jener Übergangsformen zu erwarten, die nach meiner Theorie alle früheren und jetzigen Arten zu einem großen, verzweigten Lebensbaume verbinden. [...] Jedoch gestehe ich ein, daß ich eine solche Dürftigkeit unserer geologischen Urkunden selbst nie geglaubt hätte, wenn nicht das Fehlen zahlreicher Übergangsformen zwischen den Arten, die zu Beginn und Schluß jeder Formation lebten, meine Theorie ins Wanken gebracht hätten.[66]

Die geologischen Urkunden sind mittlerweile viel umfangreicher und vollständiger als zu DARWINS Zeiten. Das Nichtvorhandensein von Zwischengliedern erweist sich dabei entgegen der Erwartung von DARWIN immer mehr als eine paläontologisch wohl belegte Tatsache, die Darwinisten eigentlich selbstkritischer machen müsste. Darwinisten müssen diese Tatsachen in ihrer ganzen Tragweite akzeptieren und nicht, um die Theorie zu retten, Ausreden erfinden.

Der Evolutionsgenetiker GEORGE MIKLOS fragt:

> Was sagt diese allumfassende Evolutionstheorie demnach voraus? Angesichts einer Hand voll von Postulaten wie Zufallsmutationen und Selektionskoeffizienten wird sie Veränderungen in [Gen-]Frequenzen im Laufe der Zeit voraussagen. Doch ist dies das Thema einer großartigen Evolutionstheorie?[67]

Das große Problem des Mechanismus der Evolution, der Entstehung neuer Arten, ist bis heute nicht gelöst. Die Theorie der kontinuierlich variablen Geschwindigkeit bleibt so lange eine unbewiesene Hypothese, bis sie eine lückenlose Reihe von zweifelsfrei identifizierten Zwischengliedern präsentieren kann.

10 HÖHERENTWICKLUNG DER ARTEN

Diese Erkenntnis wirft nun ein rätselhaftes Problem auf: Wenn nicht durch eine langsame Höherentwicklung, wie DARWIN annahm, wenn nicht durch eine im geologischen Zeitmaßstab besehen sprunghafte Veränderung, wie dann können so zahlreiche neue Arten entstanden sein?

Eine mögliche Antwort auf diese Frage lautet: Durch Makromutationen, auch Saltationen genannt, d.h. wie Fossilienfunde es nahelegen durch das plötzliche Auftreten neuer Arten ohne jeden Übergang. Wir müssen also die phantastisch anmutende Möglichkeit in Betracht ziehen, dass Elternpaare einer Spezies plötzlich Nachwuchs bekommen, die einer anderen Art angehören, wie z.B. gemäß OTTO SCHINDEWOLFS[68] Idee, dass ein Reptil ein Ei legt, aus dem ein fertiger Vogel entschlüpft. Die Aufzucht des fremden Nachwuchses würde wahrscheinlich keine unüberwindbare Hürde bedeuten. Adoptionen einer fremden Art sind ein im Tierreich häufig vorkommendes Phänomen. Auch Romulus und Mogli wurden der Sage nach von einer Wölfin aufgezogen.

RICHARD BARUCH-BENEDIKT GOLDSCHMIDT[69] schlug 1940 ein Modell der Makroevolution vor, das als die *Hopeful-Monster*-Hypothese bekannt wurde.

Das Modell beruht auf zufällig auftretenden, großen Mutationen, Makromutationen, die in einem Mutationsschritt schlagartig neue Arten und in manchen Fällen lebenstüchtige Individuen, *the hopeful monsters*, die *chancenreichen Monster,* hervorbringen können.

Sein Vorschlag wurde von allen Seiten heftig abgelehnt, da er dem als eine Grundlage des Darwinismus angesehenen Gradualismus widerspricht. Andere wandten ein, dass so ein einsames Monster es wohl schwer haben würde, einen Partner für die Fortpflanzung zu finden und daher keine Überlebenschancen hätte.

Das Wichtigste aber war: Die meisten Wissenschaftler hielten eine so radikale Makromutation, in der vier, fünf oder mehr Gene vorteilhaft verändert werden, für ausgeschlossen. Sie halten es für nicht vorstellbar, dass Zufallsmutationen auf eine Art und Weise aufeinander abgestimmt werden könnten, dass dadurch kompliziert zusammengesetzte, neue Individuen schlagartig entstehen könnten. Wenn wir der Theorie der Zufallsmutationen nachgehen, eine folgerichtige Anschauung:

> All das zusammengenommen heißt aber, wie mich dünkt, in den Bereich des Wunders eintreten und die Wissenschaft verlassen.[70]

DARWIN bestand auf der Notwendigkeit der Veränderung durch kleine Schritte. *Natura non facit saltum.*

GOLDSCHMIDT wurde belacht und verspottet und wie er schrieb: „Diesmal galt ich nicht nur als verrückt, sondern fast als Krimineller.“

Auch wenn namhafte Wissenschaftler wie der Biologe und Hauptvertreter der modernen synthetischen Evolutionstheorie, ERNST MAYR, die Möglichkeit der *hopeful monsters* nicht kategorisch ausschließen wollen, scheint diese Annahme nun wirklich zu phantastisch, um als wissenschaftliche Theorie ernstgenommen zu werden. Das Thema schien ein für alle Mal erledigt zu sein. --- Der vielen Zufälle nicht genug? Jetzt auch noch Monster?!

Abb. 14: Chancenreiche Monster

DIE RÜCKKEHR DER CHANCENREICHEN MONSTER

Ist aber GOLDSCHMIDTS Theorie wirklich so abwegig?

Die Diskussion flammte erneut auf, als STEPHEN JAY GOULD, Professor für Geologie an der Harvard University, 1980 eine wissenschaftliche Abhandlung mit dem Titel „The Return of the Hopeful Monster“[71] veröffentlichte. In einem weiteren Artikel, der in der Zeitschrift „Paelobiology“[72] erschien, pflichtete er GOLDSCHMIDT ausdrücklich bei und erklärte, dass die neodarwinistische Synthese im Grunde tot sei, GOLDSCHMIDTS Theorie hingegen bezeichnete er als ‚Inbegriff und Grundlage von aufkommenden Ansichten zur Artenbildung‘.

Führende Neodarwinisten wie ERNST MAYR und RICHARD DAWKINS gingen mit GOULD hart ins Gericht und warfen ihm vor, eine genetische Unmöglichkeit zu vertreten.

Das Monster aber weigerte sich, zu weichen. Es wurden Beispiele für Makroevolution präsentiert, die zeigten, dass trotz der vermuteten genetischen Unmöglichkeit neue Arten plötzlich und übergangslos entstehen können.

NILES ELDREDGE[73], US-amerikanischer Paläontologe, hatte eine gründliche Untersuchung der Trilobiten vorgenommen, die er in den Fossilienlagern des amerikanischen Mittelwestens vorfand. Er stellte fest, dass sich die Form der Trilobiten mit der Zeit nicht graduell änderte, sondern stattdessen eine Variante plötzlich ausfiel, während eine leicht andersartige Variante ungefähr zur gleichen Zeit unabhängig von den anderen Formen entstand. Eine Feststellung, die auf eine plötzliche Makromutation schließen lässt.

RONSHAUGEN, NADINE MCGINNIS & WILLIAM MCGINNIS beschrieben in „Nature“[74], wie durch sechs Punktmutationen im Ultrabithorax (Ubx)-Gen bestimmter Crustaceen (Krebstiere) deren Gliedmaßen-Anordnungen plötzlich insektenähnlich wurden.

Etwa zur gleichen Zeit erschien in „Science“[75] ein Artikel, „Regulation of cerebral cortical size by control of cell cycle exit in neural precursors“, der beschrieb, wie durch Mutation im ß-Catenin-Gen während der Entwicklung statt glatter Mäusehirne eingefaltet-schrumpelige ‚Großhirn-lastige‘ Gebilde entstanden, wie wir Menschen sie besitzen.

Bisher wurden keine eindeutigen Zwischenstufen von geflügelten und ungeflügelten Insekten gefunden, was ebenfalls auf eine Bildung durch Makromutation schließen lässt:

> Aus dem Devon (vor 400 Millionen Jahren) sind lediglich Fossilien flügelloser Urinsekten, aus dem Karbon (vor 320 Millionen Jahren) bereits Insekten aus mehr als 10 verschiedenen Gattungen mit voll funktionsfähigen Flügeln bekannt. Aus der Zeit dazwischen fehlen Funde, an denen Übergangsformen zum funktionierenden Flügel erkennbar wären.[76]

So unwahrscheinlich Makromutationen auch immer erscheinen mögen, *The Monster is back, and It's Hopeful.*

Resümee: Die Theorie der langsamen Veränderungen darf als widerlegt gelten

Die Theorien der langsamen, stetigen Veränderungen (Darwin) und der abgestuften Geschwindigkeiten (Gould, Eldredge) haben den Vorteil, dass sie mit der vorherrschenden Schulmeinung über die Höherentwicklung der Arten durch Zufallsmutation und Selektion in Einklang stehen. Dass eine solche Annahme vernünftig ist, hat der Statistiker und Biologe R. A. Fisher auf leicht verständliche Weise demonstriert:

> [Fisher] benutzte folgende Analogie. Man denke sich, sagte er, ein Mikroskop, das fast, aber nicht völlig fokussiert ist und das ansonsten gut eingestellt ist, um deutlich zu sehen. Wie wahrscheinlich ist es, daß wir, wenn wir am Zustand des Mikroskops

> zufällig irgend etwas verändern (was einer Mutation entspricht), die Scharfstellung und allgemeine Qualität des Bildes verbessern? Fisher sagt: „Es ist völlig klar, daß bei jeder großen Verstellung nur eine sehr kleine Wahrscheinlichkeit besteht, die Einstellung zu verbessern, während im Fall von Veränderungen, die viel kleiner sind als die kleinsten, die vom Hersteller oder Bediener absichtlich vorgenommen werden, die Chance der Verbesserung fast genau ½ sein sollte.[77]

So sehr dies einleuchten mag, bleibt der Nachteil beider Theorien trotzdem bestehen, insofern sie die Tatsache der fehlenden Zwischenglieder ignorieren.

GOLDSCHMIDTS Vorschlag hingegen entspricht der zoologischen und paläontologischen Beobachtung über das plötzliche Auftreten neuer Arten ohne Zwischenglieder, doch widerspricht er der vorherrschenden Lehrmeinung.

Was tun, wenn die Tatsachen für sich sprechen, die Theorie jedoch falsch ist? GOLDSCHMIDT tat das Nötige. Er hat die wissenschaftliche Vorgehensweise, die von Darwinisten auf den Kopf gestellt wurde, wieder auf die Füße gestellt. Die Vorgehensweise kann nicht dergestalt ablaufen, dass man die Richtigkeit der Theorie voraussetzt und die Beweise im Lichte der Theorie als richtig oder falsch bewertet, sondern umgekehrt. Die Theorie muss auf dem Grund gesicherter Tatsachen stehen. Dass wir heute keine Theorie kennen, die Saltationen möglich erscheinen lässt, schließt die Möglichkeit von Saltationen nicht aus.

ST. GEORGE MIVART, englischer Zoologe und Naturphilosoph, ein Zeitgenosse DARWINS, kritisierte bereits im Jahre 1871 die Evolutionstheorie mit den Einwänden:

> Dasjenige, das man (gegen den Darwinismus) vorbringen kann, lässt sich wie folgt zusammenfassen: 1) Die „natürliche Selektion“ ist außerstande, die anfänglichen Stadien brauchbarer

> Strukturen zu erklären. 2) Sie stimmt nicht mit der Tatsache überein, dass Strukturen verschiedenen Ursprungs, die große Ähnlichkeiten zueinander aufweisen, nebeneinander existieren. 3) Es gibt Gründe zu der Annahme, dass sich spezielle Unterschiede plötzlich und nicht allmählich herausbilden können. 4) Die Meinung, dass Arten eindeutige, wenngleich sehr unterschiedliche Grenzen hinsichtlich ihrer Variabilität haben, ist nach wie vor haltbar. 5) Es fehlen bestimmte fossile Übergangsformen, die nach allgemeiner Erwartung hätten vorhanden sein müssen ... 6) Es gibt viele bemerkenswerte Phänomene in Bezug auf Organismen, worüber die „natürliche Selektion" überhaupt keinen Aufschluss gibt.[78]

DARWIN nahm MIVARTS Einwände ernst und setzte sich mit ihnen in „Die Entstehung der Arten" sorgfältig und ausführlich auseinander. Einige Bedenken konnte er eindrucksvoll entkräften, andere Probleme bleiben bis heute ungelöst und begründen berechtigte Zweifel an der Richtigkeit der Evolutionstheorie.

Die Gegenargumente beruhen auf einem umfangreichen Tatsachenmaterial, das insbesondere von Paläontologen erbracht wurde und dieses Tatsachenmaterial widerlegt die wichtigsten Grundthesen DARWINS, nämlich dass die Evolution

1) stetig, in aufeinanderfolgenden, kleinen Schritten verlief (Gradualismus) und
2) über eine große Zahl von Zwischenstufen zur Entstehung von neuen Arten führte.

Der Fossilbericht beweist, dass die Entwicklung nicht so verlief. Alle in den vergangenen 100 Jahren gewonnenen Erkenntnisse der Paläontologie weisen darauf hin, dass die These der zufälligen, kleinen, stetig verlaufenden Mutationen (Gradualismus) nicht den Tatsachen entspricht.

Die Evolution war gekennzeichnet durch lange Perioden des Stillstands (Stasen) und vom darauffolgenden, plötzlichen Auftreten von neuen Arten ohne Zwischenstufen.

Es gibt keinen einzigen Beweis dafür oder auch nur einen einzigen Hinweis darauf, dass durch Akkumulation von kleinen Veränderungen über Zwischenstufen je eine neue Art entstanden ist. Zwischenstufen zwischen zwei Arten tauchen im Fossilbericht nicht auf. Die Theorie des Gradualismus, ein Grundpfeiler der Evolutionstheorie, ist durch den Fossilbericht irreparabel widerlegt. Der Darwinismus in seiner klassischen Form ist obsolet. Nach Meinung von STEPHEN JAY GOULD repräsentiert Darwinismus heute nicht viel mehr als eine ‚aus widersprüchlichen Hypothesen bestehende Anhäufung von Ideen'.

DRITTE SCHLUSSFOLGERUNG:
Die Evolutionstheorie mit ihren zwei von DARWIN formulierten Grundpostulaten, nämlich dass stetige, zufällig auftretende kleine Veränderungen (Mutationen) zur Anpassung und Diversifikation und die Akkumulation der kleinen Veränderungen über Zwischenstufen zur Höherentwicklung der Arten führte/n, ist wissenschaftlich nicht belegbar.

11 Darwinismus – Wissenschaft oder Ideologie?

Darwinismus als Wissenschaft: Mangelnde Falsifikationskriterien. Tautologien.

Das Credo des Darwinismus lautet, dass die Vielfalt des Lebens ein Produkt ziellos verlaufender Naturprozesse ist, die Evolution planlos verläuft und keine Zweckbestimmung kennt. Darwinisten halten diesen naturalistischen Prozess für die einzig vertretbare Erklärung und bezeichnen ohne wirklich glaubhafte Begründung noch so zwingende Gegenargumente als falsch und inakzeptabel.

Von Kompromissbereitschaft keine Spur, im Gegenteil: Um Darwins Lehre zu verteidigen wird eine brüchige Argumentationskette geknüpft, die im wissenschaftlichen Bereich ihresgleichen sucht:

1) Zur Erklärung der Stasen bzw. des Stillstands in der Evolution dient der Schluss, dass

   > […] die erforderlichen Mutationen fehlten, es ‚Einschränkungen der Entwicklungsfähigkeit' gab, oder weil sie bereits hinreichend an ihre Umgebung angepasst waren. Kurz gesagt: Sie entwickelten sich nicht, weil sie sich nicht entwickelten.[79]

2) Die Komplexität wird durch einen Zirkelschluss, bestenfalls aber axiomatisch erklärt:

   > Es muss mit Unwahrscheinlichkeit als Ergebnis natürlicher Selektion gerechnet werden. Dabei haben wir den paradoxen Zustand, dass eine außerordentlich hohe scheinbare Unwahrscheinlichkeit der Produkte als Beweis für ihr hohes Maß an Effizienz gelten kann.[80]

3) Mathematische Berechnungen werden verworfen, nach denen die Entwicklung des Auges durch die Anhäufung

kleiner Mutationen höchst unwahrscheinlich ist. Es stehe eben fest, dass sich das Auge entwickelt habe, sodass die mathematischen Probleme nur scheinbar bestünden. Und, so ERNST MAYR, „[indem] wir diese Zahlen auf irgendeine Art angleichen, werden wir bei dem richtigen Resultat herauskommen.“[81]

4) RICHARD DAWKINS erbringt in Bezugnahme auf GOULD und ELDREDGE eine erfindungsreiche Lösung des gravierenden Problems der fehlenden Zwischenglieder:

> Mach dir keine Sorgen, Darwin, selbst wenn die Fossilienurkunden vollständig *wären*, solltest du nicht erwarten, sauber abgestufte Übergänge vorzufinden, wenn du nur an einem einzigen Ort gräbst; aus dem einfachen Grunde, weil der größte Teil des evolutionären Wandels irgendwoanders stattgefunden hat.[82]

Und weiter: Fossilienurkunden bzw. geologische Urkunden sind

> [...] gerade dann besonders unvollständig [...], wenn es interessant wird, gerade dann, wenn evolutionärer Wandel stattfindet; zum Teil deshalb, weil die Evolution gewöhnlich an einem anderen Ort [stattfand] [...].[83]

D.h. die Evolution verlief zwar über Zwischenglieder, fand aber immer an Orten statt, die nicht auffindbar sind. Das Problem existiert für DAWKINS daher gar nicht. Doch so einfach lässt sich das Problem nicht wegerklären. Die Evolution entzieht sich nicht nur der Beobachtbarkeit, sie scheint aufgrund der paläontologischen Belege nicht immer nur woanders stattzufinden, wie DAWKINS es glauben machen will, sondern nirgendwo. Das Fehlen von Zwischengliedern erweist sich als ein universelles Phänomen, „[das] gilt für Wirbellose wie für Wirbeltiere und ebenso für Pflanzen.“[84]

Auf dieser Grundlage erübrigt sich jede weitere wissenschaftliche Diskussion. Wir haben zur Kenntnis zu nehmen, dass „[der] Darwinismus […] keine Theorie [ist], die sich widerlegen lässt, sondern eine Tatsache, der man Rechnung tragen muss."[85] Mögen die Beweise liegen wie sie wollen.

Und BERNARD DAVIS, Professor an der Harvard University, erklärt konsequenterweise, dass „[außer] für diejenigen Skeptiker, die bereit sind, die Vernunft zu verabschieden, […] aus der Darwinschen Theorie nun das Darwinsche Gesetz geworden [ist]."[86]

Da ich mir nicht vorstellen kann, dass BERNARD DAVIS den Unterschied zwischen Hypothese, These, Axiom, Theorie und Gesetz nicht kennt, kann ich seine Äußerung nur als einen Versuch der Irreführung betrachten. Er verkennt, dass es aufgrund der Sachlage längst nicht mehr darum geht, ob Darwinismus ein Gesetz ist, sondern ob Darwinismus überhaupt weiterhin Wissenschaftlichkeit für sich beanspruchen kann.

Gewichtige Zweifel am wissenschaftlichen Charakter der Theorie DARWINS äußerte schon der Wissenschaftstheoretiker KARL POPPER, d.h. er sah in ihr die Qualifikationskriterien für eine wissenschaftliche Theorie für nicht erfüllt. Er postulierte, dass eine Theorie, deren deduktive Konsequenzen einer Falsifikation nicht zugänglich seien, „[…] die sich nicht der deduktiven Methode der auf der Asymmetrie zwischen Verifizierbarkeit und Falsifizierbarkeit basierenden Nachprüfung gesetzförmiger Aussagen unterziehen lässt […], nutzlos ist und nicht als wissenschaftliche Theorie qualifiziert werden kann".[87]

POPPER nahm seine Kritik nach wütenden Protesten seitens der Darwinisten zurück, seine Wertung war aber trotzdem richtig und angebracht. Die Theorie ‚Zufallsmutation gefolgt von Selektion' beinhaltet eine für alle Erscheinungen verwendbare Erklärung, die nicht falsifizierbar ist und daher auch keine Beweiskraft hat.[88] Sie repräsentiert die Theorie selbst und kann nicht als Beweis für die eigene Richtigkeit herangezogen werden. POPPER führte zu seiner Selbstverteidigung an, dass

> [einige] der größten Darwinisten unserer Zeit [...] die Theorie selbst so [formulieren], dass sie auf eine Tautologie hinausläuft. Diese besagt, dass diejenigen Organismen, welche die meisten Nachkommen hinterlassen, die meisten Nachkommen hinterlassen.[89]

Der Streit, ob Wissenschaft oder nicht, wird sich kaum beilegen lassen. Darwinisten werden weiterhin jede sie widerlegende Beobachtung blind zurückweisen, die Gegenseite wird POPPERS Kritik und insbesondere den Tautologie-Vorwurf aufrechterhalten und der Theorie bestenfalls den Status einer auf Annahmen beruhenden Hypothese zuerkennen.

DARWINISMUS ALS IDEOLOGIE: BEWEIS FÜR DIE NICHTEXISTENZ GOTTES

Der ideologische Standort des Darwinismus lässt sich hingegen leichter orten. Er dient der atheistisch-materialistische Ideologie als eindeutiger Beweis für die Nichtexistenz Gottes. Wenn man eine an Wunder grenzende Erscheinung wie die belebte Natur ausschließlich mithilfe naturalistischer Gesetze erklären kann, dann ist die Annahme eines Schöpfers nicht mehr erforderlich, ja, sogar dumm, unwissend, vielleicht sogar bösartig, wie DAWKINS meint. – Der Streit geht unvermindert weiter und, wie unter Wissenschaftlern anderer Zweige eher unüblich, spart man dabei auch nicht mit Beleidigungen.

EXKURS: POLITISCHE UND GESELLSCHAFTLICHE AUSWIRKUNGEN

Das menschliche Gehirn ist ein unvollkommenes Instrument, das sich über lange geologische Zeiträume hin ausgebildet hat. Manche seiner Funktionsebenen sind primitiver und urtümlicher als andere. Der moderne Mensch hat die Erfahrung gemacht, dass unsere Köpfe unheimliche und irrationale Schatten aus unserer vormenschlicher Vergangenheit enthalten können, Schatten, die sich unter Druck manchmal verlängern und düster über die Schwelle unseres rationalen Lebens fallen können. Der Mensch hat den Glauben des 18. Jh. an die aufklärerische Macht der reinen Vernunft verloren, da er hat erkennen müssen, dass er keineswegs ein konsequent vernünftiges Tier ist. Wir haben uns selbst durch unsere eigene düstere Natur das Fürchten gelehrt; und statt zu denken: Wir sind nun einmal Menschen, keine Bestien, und wir müssen wie Menschen leben, *haben wir einander mit wachem Misstrauen gemustert und in unseren Herzen geflüstert: Wir trauen keinem mehr. Der Mensch ist böse. Der Mensch ist ein Tier. Er ist aus dem finsteren Wald und den Höhlen hervorgekrochen.*[90]

Loren Eiseley – Darwin's Century

Warum verteidigen Darwinisten die Zufallstheorie so leidenschaftlich und kompromisslos? – Weil sie keine andere Wahl haben. Die Gottesfrage ließe sich sonst nicht verneinen.

Als DARWIN sein Werk 1856 veröffentlichte, fiel seine Theorie insbesondere im Kreise von Atheisten und Materialisten auf fruchtbaren Boden, weil sie ihren atheistischen Glauben bestätigte. Die Vielfalt des Lebens auf der Erde, die man mit Hilfe natürlicher Prozesse ausgehend aus anorganischen Materialien erklären kann, macht einen Schöpfer überflüssig. Führende Intellektuelle stellten sich begeistert an DARWINS Seite. THOMAS HENRY HUXLEY, britischer Biologe, der im 19. Jahrhundert großen Einfluss auf die Entwicklung der Naturwissenschaften hatte, gründete 1864 den X-Club, der in vielen, oft leidenschaftlich geführten Debatten die Evolutionstheorie gegen Angriffe verteidigte, vorgetragen insbesondere von kirchlicher Seite, angeführt von SAMUEL WILBER-

FORCE, Lord Bishop von Oxford. Der X-Club bestand neben HUXLEY aus hoch angesehenen Wissenschaftlern wie dem Botaniker JOSEPH DALTON HOOKER, ein langjähriger Freund DARWINS, dem Biologen JOHN LUBBOCK, dem Chemiker EDWARD FRANKLAND, dem Mathematiker WILLIAM SPOTTISWOODE, dem Zoologen GEORGE BUSH, dem Arzt JOHN TYNDALL, dem Mathematiker THOMAS ARCHER HIRST und dem Philosophen HERBERT SPENCER. Das Motto der Gruppe lautete: *Hingabe an die Wissenschaft, rein und frei, ohne Beeinflussung durch religiöse Dogmen.*

Die Gruppe verhalf DARWINS Werk zum wissenschaftlichen Durchbruch, und nicht nur das, sie veränderte die Wissenschaftslandschaft im Sinne der materialistischen Weltanschauung so nachhaltig, dass diese die einzig anerkannte Grundlage der wissenschaftlichen Methodik wurde, und DARWINS Theorie war ihr Beweis dafür. Und das ist der springende Punkt. Die meisten Darwinisten sind gleichzeitig auch Atheisten, sie können und wollen keine Theorie anerkennen, die als Begründung für die Existenz eines Schöpfers ‚missbraucht' werden könnte.

DAVID MEREDITH SEARES WATSON, ein vielfach ausgezeichneter britischer Paläontologe, erklärt ohne Umschweife:

> Die Evolution wird von den Zoologen akzeptiert, nicht weil sie beobachtet oder durch zwingende Argumente gestützt wird, sondern weil sie allen Fakten der Taxonomie, der Paläontologie und geographischer Verteilung entspricht, und weil es keine glaubwürdige alternative Erklärung gibt.[91]

> Die Evolution selbst wird akzeptiert, nicht weil man etwas Derartiges beobachtet hätte oder weil man sie durch eine logische zusammenhängende Beweiskette als richtig beweisen könnte, sondern weil die einzige Alternative dazu, der Schöpfungsakt Gottes, einfach unglaublich ist.[92]

Und je schwerer die Last der Gegenbeweise wiegt, desto heftiger und aggressiver die Gegenreaktionen. RICHARD DAWKINS weicht der Beweislage in „Der blinde Uhrmacher“ grundsätzlich aus und verhindert so jeden Diskurs oder Disput:

> Dieses Buch ist in der Überzeugung geschrieben, daß unsere eigene Existenz zwar früher einmal das größte aller Rätsel war, heute aber kein Geheimnis mehr darstellt, da das Rätsel gelöst ist.[93]

Und:

> Unser Gehirn ist dafür gebaut, sich mit Ereignissen zu befassen, die nach vollkommen anderen *Zeitmaßstäben* erfolgen als jene, die für den evolutiven Wandel charakteristisch sind. Wir sind dafür gerüstet, Vorgänge zu beurteilen, die Sekunden, Minuten, Jahre oder höchstens Jahrzehnte dauern. Der Darwinismus ist eine Theorie so langsamer kumulativer Vorgänge, daß es bis zu ihrem Abschluß zwischen Tausenden und Millionen von Jahrzehnten dauern kann.[94]

Er aber, DAWKINS, hat den Weitblick. Er geht noch weiter und bescheinigt jedem mangelndes Denkvermögen, der seinen inzwischen zum Fanatismus gewordenen atheistisch geprägten Glauben an die Lehren des Darwinismus nicht teilt:

> Man kann mit absoluter Sicherheit sagen, dass man bei der Begegnung mit einem Menschen, der behauptet nicht an Evolution zu glauben sagen kann: Der Betreffende ist unwissend, dumm bzw. geisteskrank (oder bösartig, doch dies will ich lieber nicht in Erwägung ziehen).[95]

Der Philosoph DANIEL DENETT, ein Mitglied der „Brights“ (die Hellen), setzt noch einen drauf. Er vergleicht religiös Gläubige mit wilden Tieren, die man einsperren müsse. Er fordert, dass man Eltern daran hindern müsse, ihre Kinder falsch über die Evolution zu informieren.[96] – Ein eindrucksvolles Beispiel für die Toleranz gegenüber Andersdenkenden von Seiten der selbst ernannten liberalen Intellektuellen, die im rechten Umgang mit ‚Unwissenden, Dummen, Geisteskranken und Bösartigen' hoffentlich so nachlässig sein werden wie mit der eigenen Theorie.

Sicher mangelt es nicht allen Atheisten – so unter meinen Bekannten – an Toleranz und Redlichkeit; doch ebenso sicher mangelt es Gläubigen nicht an unvoreingenommenem, naturwissenschaftlichem Denkvermögen. ALBERT EINSTEIN ging so weit zu fragen, „[…] ob Gott die Welt hätte anders machen können; das heißt, ob die Forderung der logischen Einfachheit überhaupt eine Freiheit lässt"[97], d.h. ob Gott bei der Erschaffung der Welt irgendeine Wahl hatte. Physikalische Gesetze – erkennbar und bestimmbar – werden durch den Glauben an einen göttlichen Schöpfungsakt nicht außer Kraft gesetzt. Wissenschaft und Religion schließen sich nicht gegenseitig aus.

Viele Darwinisten denken jedoch anders. Laut RICHARD DAWKINS ist der Glaube an einen Schöpfer ‚wertlos' und verdient nur, ‚auf den Schrotthaufen der Geschichte geworfen zu werden'.

Darwinisten und Atheisten nehmen trotz aller Versöhnungsversuche nicht zuletzt auch der Kirche (die sich überraschend schnell mit der Evolutionstheorie anfreundete – m.E. voreilig) einen radikalen Standpunkt ein und erklären den Theismus mit einer wissenschaftlichen Weltsicht für unvereinbar. So erklärte DAWKINS, dass er jeden Studenten, der Theorien wie *Intelligent Design* vertreten würde, hochkant aus dem Hörsaal werfen würde. – Wer den atheistischen Neodarwinismus nicht glaubt, soll auch nicht studieren dürfen.

Solche Sprüche – wenn auch hoffentlich Scherze – sind vor der Weltgeschichte des 20. Jahrhunderts bedenklich und peinlich. In beiden großen Diktaturen des 20. Jahrhunderts mündete der ‚hochkante Rauswurf aus dem Hörsaal' im Entzug der Menschenwürde, oft im grausamen Tod. Die Religion mit ihren Begriffen von Familie, Nationalbewusstsein und bürgerlicher Moral steht seit jeher im Fadenkreuz von ‚neuen' oder ‚atheistischen', jedenfalls darwinistischen Gesellschaften. Abgesehen wurde sie schon von MARX, der der Sowjetunion die Rechtfertigung für die Stalinistischen Säuberungen ideologisch zuführte, und nach dem der ‚neue Mensch' von religiösen Ängsten befreit sein sollte. Dass die „[…] Tötung von neugeborenen verkrüppelten Kindern […] vernünftiger Weise gar nicht unter den Begriff des ‚*Mordes*' fallen [kann]"[98], befand im nationalsozialistischen Deutschland hingegen der Biologe ERNST HACKEL, Mitglied der Deutschen Gesellschaft für Rassenhygiene und selbsternannter ‚Generalfeldmarschall' DARWINS.

TEIL III

12 GERICHTETE PANSPERMIE – EINE ALTE THEORIE NEU ÜBERDACHT

Wie in Teil I und II gezeigt, können gegenwärtige Theorien weder die Entstehung des Lebens mit Hilfe bekannter physikalisch-chemischer Gesetze plausibel erklären noch die Frage nach der Höherentwicklung der Arten überzeugend beantworten.

Die zufällige Entstehung von Enzymen und DNS oder gar die Entstehung einer lebenden Zelle unter Ursuppenbedingungen erweist sich als eine wissenschaftlich nicht belegbare, wenn nicht gar als eine durch zahlreiche Experimente widerlegte Hypothese ohne jede fundierte Begründung.

Auch die Evolutionstheorie mit ihrem Grundpostulat, nämlich dem Gradualismus, ist umstritten. Sowohl DARWINS Annahme, dass neue Arten durch langsame, stetige Veränderungen entstanden sind, als auch die *Theorie der variablen Geschwindigkeiten* erfordern, dass in Fossilienfunden Zwischenglieder zwischen zwei Arten in großer Zahl vorhanden sein müssten. Zwischenglieder sind aber nicht belegt und das Argument, diese seien wohl vorhanden und bloß nicht auffindbar, löst das Dilemma nicht.

Die Zeit, die für die Evolution zur Verfügung stand, ist ein weiteres Problem. Mutationen sind äußerst seltene Ereignisse und wie man weiß, sind die meisten von ihnen neutral oder sogar schädlich. Nützliche Mutationen machen nur einen kleinen Bruchteil der Gesamtmutationen aus. Wie viele nützliche Mutationen wären aber nötig gewesen bei der Entwicklung vom Fisch zum Landtier? Bestimmt ein Dutzend oder mehr. Wieviel Generationen wären nötig gewesen, um ein

Landtier in einen Vogel zu verwandeln? Gemäß mathematischen Berechnungen ist die Zeit, die seit dem Auftauchen des ersten Lebens auf der Erde verstrichen ist, dafür nicht ausreichend.

Und überhaupt, wie sollen solche Zwischenstufen ausgesehen haben? Nicht Fisch, nicht Fleisch, nicht Landtier, nicht Vogel – Krüppelwesen also? Derart schwerbehinderte Individuen mit nicht voll funktionsfähigen Organen hätten den Kampf ums Überleben kaum bestehen können.

Wir müssen daher als Tatsache anerkennen, dass wir Zwischenglieder nicht finden, weil es sie nie gab, und nicht, weil sie nicht auffindbar sind.

Was bleibt, sind GOLDSCHMIDTS chancenreiche Monster: Saltationen, d.h. das plötzliche Auftreten neuer Arten ohne Übergang durch eine einzige, große Makromutation, was aber einem Wunder gleichkäme und daher ausgeschlossen werden darf. Die Frage, wie neue Arten entstanden sind, ist bis heute ungelöst und erweist sich zunehmend als Gordischer Knoten der Evolutionstheorie.

ES KÖNNTE ABER AUCH GANZ ANDERS GEWESEN SEIN

Die Hypothese der Panspermie nimmt an, dass sich einfache Lebensformen über große Distanzen durch den interstellaren Raum bewegten und so die ersten Sporen des Lebens auf die Erde brachten. Namhafte Wissenschaftler wie LORD KELVIN, SVANTE ARRHENIUS und FRED HOYLE waren große Verfechter der Panspermie-Hypothese, die sich aber trotz des prominenten Zuspruchs nicht durchsetzen konnte. Von den meisten Wissenschaftlern wird sie für reine Spekulation gehalten und abgelehnt.

Erneut aufgegriffen wurde die Panspermie-Hypothese 1973 von FRANCIS CRICK und LESLIE ORGEL.[99] Auch CRICK und ORGEL hielten es nicht für möglich, dass das Leben auf der Erde durch Selbstmontage entstand. Sie zogen daher die Möglichkeit in Betracht, dass das Leben auf der Erde von Außerirdischen absichtlich gesät wurde und nannten die Hypothese *gerichtete Panspermie*. Nach dieser Theorie sind die Sporen des Lebens von einer außerirdischen Zivilisation, die uns in der Entwicklung Jahrmillionen oder Jahrmilliarden vorsteht, auf die Erde geschickt worden.

Ein häufiger Einwand gegen beide Hypothesen ist, dass sie den Ursprung des Lebens nicht erklären und dieses Problem nur an andere Orte im Universum verlagern – ein berechtigter Vorbehalt. Ihm steht aber die Tatsache gegenüber, dass wir die Entstehung des Lebens auf der Erde ebenso wenig erklären können. Dass das Leben tatsächlich durch natürliche Prozesse auf der Erde entstanden sein muss, ist lediglich ein Glaubenssatz, wenn auch ein naheliegend scheinender.

CRICK und ORGEL weisen diesen Einwand jedoch zurück und argumentieren:

> It has been argued that infective theories of the origins of terrestial life should be rejected because they do no more than transfer the problem of origins to another planet. This view is mistaken; the historical facts are important in their own right. For all we know, there may be other types of planets on which the origin of life ab initio is greatly more probable than on our own.[100]

Die gerichtete Panspermie-Hypothese ist nach ihrer Ansicht trotz ihres spekulativen Charakters legitim, und vor dem Hintergrund der Unwahrscheinlichkeit der abiotischen Entstehung des Lebens auf der Erde sollte sie Beachtung finden.

Wenn wir den Gedanken nur einmal zulassen, dass das Leben das Produkt einer kreativen Intelligenz ist, drängt sich folgende Frage zwangsläufig auf: Wie wahrscheinlich ist es, dass eine uns weit überlegene Intelligenz eine Zelle auf der Erde aussetzt und diese ihrem Schicksal überlässt, zum Überleben nur auf den Zufall angewiesen, wie es das wichtigste, gleichzeitig auch das umstrittenste Axiom der Evolutionstheorie besagt? Der Grundgedanke des Neodarwinismus ist, dass die Variation durch zufällige Mutationen

> [...] im Genom entsteht, und zwar ohne Rücksicht auf die Umweltbedingungen, die die Variationen lediglich selektieren oder ausmerzen. Kurz, das Genom gibt Informationen ab, nimmt aber keine auf.[101]

Viele Evolutionsbiologen halten es für unvorstellbar, dass der Informationsfluss einseitig von den Genen Richtung Umwelt verläuft:

> Für Professor Rupert Riedl [...] ist die Vorstellung, daß ein Lebewesen in eine Umwelt versetzt werden sollte, an die es sich anpassen muß, über die es jedoch keinerlei Information besitzt, „absurd und völlig unglaubhaft und katastrophal“.[102]

Ich nehme auch letzteren Standpunkt ein und setze bei uns intellektuell weit überlegenen Außerirdischen durchaus eine andere Vorgehensweise voraus, nehme aber gleichzeitig einen neuen Blickpunkt ein und ziehe folgende Konsequenzen: Eine Intelligenz, befähigt eine lebensfähige Zelle zu erschaffen und auf der Erde auszusäen, konnte die Sporen des Lebens sicherlich auch mit Fähigkeiten ausstatten, die ihr Überleben in der gegebenen Umwelt sicherten, m.E. durch ein intelligentes, der Zelle innewohnendes, in der DNS codiertes Evolutionsprogramm (das einer Software gleicht), durch das die Evolution durch eine zielgerichtete Anpassung der Lebewesen an die jeweiligen Umweltbedingungen ihren Verlauf nahm.

DIE COMPUTER-ANALOGIE DER LEBENDEN ZELLE

Die Idee, die biologische Zelle mit einem Computer zu vergleichen, ist eine beliebte Analogie und Metapher in vielen populärwissenschaftlichen Abhandlungen.

Der Physiker PAUL DAVIES weist auf den gleichen logischen Aufbau der Zelle mit einem modernen Rechner hin, wobei die *Software* von der DNS bereitgestellt wird, die *Hardware* die Eiweißstoffe bilden.

Der Entwicklungsbiologe und Stammzellforscher BRUCE LIPTON[103] zeigt in „Intelligente Zellen" verblüffende Parallelen zwischen der Funktionsweise einer Zelle mit der eines Computers auf.

Microsoft-Gründer BILL GATES teilt diese Anschauung: "DNA is like a computer program but far, far more advanced than any software ever created."[104]

Die enorme Komplexität von Lebewesen basiert auf der Codierung der Erbinformation mit den vier Basen Adenin, Guanin, Cytosin und Thymin. RICHARD FEYNMAN wies als Erster darauf hin, dass Datenverarbeitung auf Basis von DNS die Möglichkeit von enorm effektiven, mit hoher Speicherkapazität und Rechengeschwindigkeit ausgestatteten Computern eröffnen könnte. Er zeigte, dass sechs Gramm DNS in einem Liter Flüssigkeit eine Speicherkapazität von 3072 Exabyte (entsprechend 3072 Milliarden Gigabyte) und eine Rechengeschwindigkeit von etwa Tausend Peta-Operationen (Floation Point Operations) pro Sekunde erreichen könnten. Die leistungsfähigsten Computer haben heute eine Rechengeschwindigkeit von einigen zehn Peta-Operationen.

Inzwischen wurden mehrere Prototypen von DNS-Computern gebaut und erfolgreich getestet.[105] Darüber hinaus gelang es bereits mehreren Forschungsgruppen, die biologische Zelle in einen Rechner auf DNS-Basis umzufunktionieren und damit die Zelle mit neuartigen Funktionen auszustatten, d.h. Zellstrukturen zu schaffen, die es in der Natur nicht gibt – womöglich erste Schritte hin zur Konstruktion von leistungsfähigen biologischen Robotern.

> Solche biologischen Rechner können dazu verwendet werden, lebende Systeme zu studieren und zu reprogrammieren, Umwelteinflüsse zu überwachen oder zelluläre Therapien zu verbessern. [...] Damit ist es möglich, jede Information abzufragen und zu speichern, um herauszufinden, welche Zellen bestimmten Umwelteinflüssen ausgesetzt waren und welche nicht.[106]

Weitergedacht: XENO

Ich möchte in der Zelle-Computer-Analogie einen Schritt weitergehen und die Urzelle nicht allein als einem Computer ähnlich beschreiben – die Urzelle war m.E. ein auf DNS-Basis gebauter Roboter.

Die Urzelle (im Folgenden XENO, der Fremde, genannt) war ein künstlich geschaffener, mit der Umwelt aufs Innigste verschränkter *Self Evolving*-DNS-Computer bzw. -Roboter, ausgestattet mit einer intelligenten Software, welche nach Analyse der eigenen Anpassungsmerkmale sowie der jeweiligen Anforderungen der Umwelt mit Hilfe von vorgegebenen biologischen Algorithmen ihre eigene Evolution plante, sie durch die Ausbildung lebensnotwendiger Organe und Bewegungsapparate vorantrieb und damit durch eine gezielte Konstruktion verwirklichte.

Entgegen dem Grundpostulat des Darwinismus, der Informationsfluss verlaufe einseitig von Gen Richtung Umwelt, sprechen viele Hinweise dafür, dass die Zelle Informationen aus der Umwelt aufnimmt, zielgerichtet auf ihre Einflüsse reagiert und ihre Anpassung und Höherentwicklung vorantreibt.

So verfügt die Zelle

1) über empfindliche Sensorproteine, sogenannte G-Proteingekoppelte (Guaninnukleotid bindendes Protein) Rezeptoren (G-Protein coupled receptors, GPCR), die in der Zellwand integriert sind und Umweltreize, wie z.B. chemische Reize und Lichtsignale wahrnehmen und ins Zellinnere weiterleiten. Für ihre Arbeiten über die molekulare Struktur und Wirkungsweise von GPCR erhielten BRIAN KOBILKA und ROBERT LEFKOWITZ 2012 den Nobelpreis für Chemie,
2) über sogenannte S*econd Messenger*, die der intrazellulären Weiterleitung eines von außen kommenden primären Signals dienen, das die Zellmembran nicht passieren kann,
3) über ein Arsenal von Mechanismen und Nanowerkzeugen, die zur gezielten Genmodifikation geeignet sind. Dazu zählen u.a. springende Gene, auch Transposons genannt, mobile DNS-Abschnitte, die sich innerhalb der Zelle frei bewegen können. Sie schneiden sich selbst aus der DNS-Kette aus und fügen sich an einer beliebigen Stelle wieder ein. Sie gelten als ein kreativer Faktor von evolutiven Veränderungen im Genom. Für die Entdeckung der Transposons wurde die Genetikerin BARBARA MCCLINTOCK bereits 1983 mit dem Nobelpreis gewürdigt. Weitere Werkzeuge sind die RNA-Interferenz, kurze RNA-Stücke, micro-RNA, aus 21 bis 23 Nukleotiden, die eine wichtige Rolle bei der Genregulation spielen und zur zielgerichteten Abschaltung von Genen dienen. Ihre Entdecker,

ANDREW Z. FIRE und CRAIG C. MELLO, wurden dafür 2006 mit dem Nobelpreis ausgezeichnet.
4) über einen enorm leistungsfähigen Rechner auf DNS-Basis, der jedem uns bekannten Rechner weit überlegen ist.

Die Zelle verfügt demnach über Organe und Werkzeuge, die nicht nur zur Wahrnehmung von Umwelteinflüssen benötigt werden, sondern darüber hinaus als Respons auf diese Reize auch einen biologisch notwendigen Effekt hervorrufen können und damit eine intelligente Anpassung und Höherentwicklung der Zelle ermöglichen.

Folglich stellt die DNS keine selbst-emergente Einheit dar, ihre Aktivität wird durch Umweltreize erst ausgelöst. XENO analysiert die Umwelt- und die eigenen Anpassungs-Daten und errechnet daraus eine optimale Anpassungsstrategie. Zufällige Mutationen sind nichts weiter als Kopierfehler, ein unerwünschter Nebeneffekt, sie tragen nichts zum evolutionären Fortschritt bei.

Der hier diskutierte Evolutionsmechanismus legt nahe, dass nicht nur die Zelle, sondern jedes höhere Lebewesen lebensnotwendigerweise mit seiner Umwelt stetig kommuniziert. Dazu bedarf es keines Beweises, denn kein Lebewesen könnte dauerhaft selbstständig überleben, wenn es nicht auf Veränderungen in seiner Umwelt reagieren und sich zielgerichtet anpassen könnte, sondern es dem Zufall ausgeliefert wäre.

Bereits einfachste Lebewesen wie Bakterien sind mit etwa 100 verschiedenen, empfindlichen Sensoren ausgestattet, durch die sie Änderungen in ihrer Umwelt schnell erkennen und auf sie reagieren bzw. durch die sie Abläufe im Zellinnern wahrnehmen und gleichzeitig auf die Situation außerhalb der Zelle reagieren. Versuche von JOHN CAIRNS ergaben, dass Laktose-intolerante Bakterien, die ausschließlich mit Laktose versorgt wurden, bereits nach wenigen Generationen eine Laktose-Toleranz entwickelten. Die Anpassung erfolgt allem Anschein nach zielgerichtet.

Als weiterer Beleg für die Wechselwirkung Lebewesen (Gen)/Umwelt kann mit Einschränkungen auch das Phänomen Mimikry herangezogen werden. Unter Mimikry versteht man die Fähigkeit vieler Lebewesen zur Nachahmung von körperlichen Merkmalen und Verhaltensweisen anderer Tiere, die ihnen bessere Überlebenschancen bieten, um z.B. nicht zur Beute anderer Tiere zu werden oder um erfolgreicher Nahrung zu erbeuten. HENRY WALTER BATES, englischer Naturforscher und Evolutionsbiologe, beschrieb dies 1862 anhand von Verhaltensweisen von Schmetterlingen. Er beobachtete, dass Schmetterlinge, die auf den ersten Blick gleich aussehen, bei näherem Betrachten ganz unterschiedliche Strukturmerkmale aufwiesen. Er erklärte:

> Die *Helioconidae* fliegen sehr langsam, sind bunt gefärbt und daher leicht zu fangen. Die Vögel meiden sie aber, weil sie ausgesprochen unangenehm schmecken. Durch den Zufall der Evolution begannen einige Schmetterlinge aus der Familie der *Pieridae* (Weißlingen) den *Helioconidae* zu ähneln, und daher mieden die Vögel auch sie, obwohl ihr Geschmack köstlich ist.[107]

Weitere Beispiele:

> Es gibt Insekten, die wie kleine Stöckchen oder wie Blätter aussehen, Raupen, die sprossenden Zweigen ähneln, und Käfer, die Dornen gleichen. Manche Falter sehen aus wie Vogelkot und Frösche wie Blätter. Man findet sogar Fische, die welke Blätter imitieren.[108]

Besonders beeindruckende Beispiele von Mimikry bietet das Reich der Meerestiere:

> Der Tintenfisch ist farblich immer bestens seiner Umgebung angepasst, denn er verändert in sekundenschnelle die Farbe und sogar die Oberflächenstruktur seiner Haut so, dass er einem unregelmäßigen Stück Koralle oder Felsen gleicht. [...]
> [Die] Flunder [...] kann auch das Muster und die Farbe des Untergrundes auf ihrem Körper spiegeln. [...]
> Einige Tiere ahmen nicht nur die Farbe, sondern auch die exakte Form von andern Tieren oder Pflanzen nach. Dabei entwickeln sie allerlei skurrile Körperfortsätze und -formen. [...]
> [Die] Spindelkauri-Schnecke [hat] sowohl die Farbe als auch die körnige Struktur und zum Teil auch die Struktur und Farbe der Polypen der Koralle nachgemacht [...].[109]

Die hier beschriebenen Körpermerkmale und Verhaltensweisen sind offenkundig hoch komplizierte ‚Ingenieurarbeit', wurden aber von DARWIN mit der natürlichen Auslese erklärt, die solche Individuen begünstigte, deren Körper mit anderen Dingen verwechselt werden konnte.

ST. GEORGE MIVART bemerkte dazu:

> Da Darwins Theorie eine stete Neigung zur unbestimmten Variation voraussetzt und da sich die geringfügigen beginnenden Variationen in allen Richtungen bewegen werden, so müssen sie sich zu neutralisieren und anfangs so wechselnde Abänderungen zu bilden suchen, daß nur sehr schwer, wenn überhaupt zu erkennen ist, wie solche unbestimmten Schwankungen unmerklich kleiner Anfänge je eine deutlich erkennbare Ähnlichkeit mit einem Blatt, einem Bambus oder sonst einem Gegenstand hervorbringen können, so daß die natürliche Zuchtwahl sie erfassen und dauernd erhalten kann.[110]

In der Tat ist schwer vorstellbar, dass solche Eigenschaften ohne ‚bewusste' Wahrnehmung der Umwelt durch zufällige Mutationen entstehen konnten.

> Das Problem dabei ist, daß viele Veränderungen *zugleich* erforderlich sind. Das blattähnliche Insekt [...] muß flach, oval und

> grün werden und eine Oberflächenzeichnung haben, die ungefähr den Adern eines Blattes ähnelt (manche haben sogar einen Stiel).[111]

Um also evolutionär vorteilhaft zu sein, erfordert die genetisch festgelegte Fähigkeit zur Mimikry und Mimese, sprich die Nachahmung zahlreicher Eigenschaften fremder Formen, eine enge Verschränkung von Lebewesen und Umwelt; die komplexe Verhaltensweise ist vom Bakterium bis hin zum Menschen beobachtbar; ein Evolutionsfaktor Zufall könnte sie kaum bewirken.

13 PARALLELEVOLUTION

Die Anpassung der Arten an ihre Umwelt, Mikroevolution, und ihre Höherentwicklung, Makroevolution, erfolgen durch eine zielgerichtete Konstruktion. Parallelevolution und Konvergenz sind Indizien dafür.

Heute stehen einander zwei konträre Auffassungen über den Verlauf der Evolution gegenüber. Auf der einen Seite steht die kompromisslose Lehre des Neodarwinismus mit der zentralen These, dass allein das Prinzip zufällige Bildung von Variationen gefolgt von Selektion die Antriebskraft der Evolution sei. STEPHEN JAY GOULD, ein prominenter Vertreter der darwinistischen Lehre, vertritt die Ansicht, dass „[…] ein winziges, erst gestern entstandenes Ästchen am Baum des Lebens […] nicht noch einmal die gleichen Verzweigungen hervorbringen würde, wenn man ihn ein zweites Mal heran wachsen ließe.“[112] Der Verlauf der Evolution, die Entstehung des Menschen, war in seinen Augen reiner Zufall, der kein zweites Mal eintreten würde, liefe die Evolution neu ab.

Auf der anderen Seite aber stehen Fossilienfunde und gesicherte Befunde der Zoologie, die einen zielgerichteten Verlauf der Evolution nahelegen, was Parallelevolution und Konvergenz bekräftigen. Der Paläontologe SIMON CONWAY MORRIS von der Universität Cambridge hat Material zusammengetragen, das zeigt, dass „Wesen, deren Vorfahren sich vor vielen Jahrmillionen getrennt haben, später unabhängig voneinander die gleiche Fähigkeit [entwickelten].“[113]

In „Jenseits des Zufalls“ zählt er eine große Zahl von beeindruckenden Beispielen auf, nach denen die Evolution nicht das Ergebnis von zufälligen Abläufen, sondern allem Anschein nach die Verwirklichung einer begrenzten Zahl von Bauplänen zwecks besserer Anpassung an die Umwelt war.

Darwinisten lehnen diese Anschauung vehement ab, gemäß ihrer Ansicht, dass die Evolution keinen gerichteten Verlauf nahm und kein zweites Mal zum gleichen Ergebnis führen würde.

Sie tut es aber doch. Und nicht nur einmal, nicht zweimal, was man noch als Zufall werten könnte, sondern im Regelfall.

ERNST MAYR stellt fest, dass sich das Auge im Verlaufe der Evolution mindestens 40 Mal separat entwickelt haben muss – dem alles erklärenden Mechanismus Zufallsmutation und Selektion folgend 40 Mal zufällig. M.E. ist eine verschwindend geringe Wahrscheinlichkeit, die sich immer wieder realisiert und auftritt, schlicht und ergreifend kein Zufall.

Im diskutierten Modell entstehen immer gleiche Konstruktionen aufgrund der in der *Software* zur Verfügung stehenden biologischen Algorithmen, die für gleiche oder ähnliche Anforderungen gleiche oder ähnliche Lösungen anbieten.

Eurycantha calcarata

Dryococelus australis

Abb. 15: Separat entwickelte Exemplare des Baumhummers

Abb. 15 zeigt zwei Exemplare des Baumhummers, die einander so ähnlich sehen, dass man sie selbst bei sorgfältiger Betrachtung für Zwillinge halten könnte, allerdings fälschlicherweise. Beim linken Bild handelt es sich um *Eurycantha*, der in Neuguinea beheimatet ist, beim rechten um *Dryococelus*, der auf der Lord Howe Insel östlich von Australien zu Hause ist. Sie weisen nicht nur eine frappierende Ähnlichkeit in Form, sondern auch im Verhalten auf, obwohl sie, wie australische Forscher kürzlich durch eine Genanalyse sicherten, genetisch nicht miteinander verwandt sind. Evolutiv sind sie aus der Familie der Stabschrecken hervorgegangen. Es wäre hoch erstaunlich, wenn sie sich durch mehrere Mutationen, die ja angeblich zufällig sind, voneinander vollkommen unabhängig zum gleichen ‚Endprodukt'[114] entwickelt hätten. Denn Mutationen sind äußerst seltene Zufallsereignisse entspringend aus einer gewaltigen Zahl von Möglichkeiten. Dass bei zwei getrennt lebenden Individuen eine Reihe von wirkungsgleichen Mutationen stattfindet, wäre mit einer wiederholten Parallelziehung gleicher Lottozahlen in zwei getrennten Trommeln vergleichbar – nur viel unwahrscheinlicher.

Auch die zahlreichen Beispiele der Parallelevolution und Konvergenz schließen also den Zufall als Antriebskraft der Evolution aus.

14 Mikroevolution

Eine Anpassung findet statt, wenn Bedarf besteht, und sie ist zielgerichtet.

Bewiesenermaßen finden Mutationen ständig mit einer zeitlich konstanten Rate statt und laut Genforschung sind die meisten Mutationen neutral und bringen über lange Zeiträume der Evolution keine neuen Variationen hervor. D.h. die Evolution war lange Zeit von Stasen dominiert, die dann von Phasen der Veränderung und der Anpassung an neue Bedingungen abgelöst wurden. Und zwar so zweckdienlich, dass die Unbrauchbarkeit der Theorie der Veränderungen durch zufällige Mutationen aufdringlich plausibel wird.

Zielgerichtete Mutationen

John Cairns, britischer Molekularbiologe, prägte in den 80er Jahren den Begriff *adaptive Mutationen*. Darunter versteht man Mutationen, die scheinbar zielgerichtet sind und eine überraschend schnelle Antwort auf spezielle Stresssituationen durch Veränderungen der Umweltbedingungen darstellen, z.B. plötzliche Temperaturänderungen, Änderung des Nährstoffangebots oder Überbevölkerung der Population. Außerdem verlaufen sie wesentlich schneller, als in Kenntnis bekannter Mutationsraten zu erwarten wäre. Wie bereits erwähnt belegte er in Versuchen, dass Laktose-intolerante Bakterien, die zur Nahrung nur Laktose vorgesetzt bekommen, bereits nach wenigen Generationen so mutieren, dass sie Laktose verdauen können. Zur Erklärung nimmt man an, dass der Organismus nach dem Zufallsprinzip in rascher Folge (Hypermutation) Variationen produziert, bis das Ziel erreicht ist, d.h. eine lebenstüchtige Variation gefunden wird. Dann schaltet die Hypermutation auf langsam oder auf Null. Solche Mutationen, die schnell und direkt – zielgerichtet – auf äußere Reize reagieren, werden insbesondere bei Bakterien häufig beobachtet. Die Theorie der adaptiven Mutation ist aber bis heute umstritten und Gegenstand kontroverser Diskussionen.

Die Annahme, dass Mutationen und damit die Evolution nicht zufällig, sondern zielgerichtet verlaufen, vertritt auch JOACHIM BAUER, Arzt und Professor an der Albert-Ludwigs-Universität Freiburg. In „Das Kooperative Gen" beurteilt er Zufallsmutationen als treibende Kraft der Evolution für nicht plausibel und nimmt an, dass

> [...] Zellen [...] die Fähigkeit [haben], die Architektur ihres eigenen Erbgutes zu verändern. Weder die Zeitpunkte, wann sie dies tun, noch die Art und Weise, wie sie es tun, sind zufällig. Veränderungen der genomischen Architektur ereignen sich vorzugsweise dann, wenn Lebewesen unter starkem ökologischem Stress stehen. Auch ihrer Art nach sind die Veränderungen nicht zufällig, sondern stellen einen kreativen Prozess dar, der Regeln folgt, die im biologischen System selbst begründet sind.[115]

Er zählt eine ganze Reihe von genetischen Werkzeugen und Mechanismen auf, die nach dem Prinzip Kooperation, Kommunikation und Kreativität der Zelle zum gezielten Umbau des eigenen Genoms zur Verfügung stehen. Seine Thesen bleiben aber im entscheidenden Punkt unscharf. Nach BAUER besteht die Kreativität der Zelle wohl im Bestreben biologischer Systeme nach höherer Komplexität (Selbstorganisation?), eine Art Naturgesetz, das im biologischen System selbst begründet ist und daher nicht weiter begründet werden muss. Zu welchem Ergebnis dieses Streben allerdings führt, bleibt auch bei ihm dem Zufall überlassen. „Die meisten Neubildungen", nimmt BAUER an „dürften sozusagen ‚dead on arrival' gewesen sein, das heißt von Anfang an weder lebens- noch vermehrungsfähig."[116]

Ich stelle dem nicht neuen und bisher auch nicht erfolgreichen Prinzip der Selbstorganisation die These entgegen, dass Anpassung (oder generell: eine evolutionär günstige Veränderung) nur stattfindet, wenn XENO die Notwendigkeit dazu erkennt und nach Analyse der Umweltdaten mit Hilfe vorgegebener Algorithmen eine oder mehrere Lösungen zur besseren Anpassung findet.

Zahlreiche wohl dokumentierte zoologische Befunde stützen diese Annahme. Sie zeigen, dass zu einer besseren Anpassung an die Umwelt führende mikroevolutive Veränderungen binnen relativ weniger Generationen ohne seltsame Zwischenformen möglich sind.

DUNCAN IRSCHICK, Professor für Biologie an der Universität von Massachusetts, berichtet über die schnelle, evolutionäre Veränderung von italienischen Wand-Echsen, die aus ihrem gewohnten Lebensraum in eine Umgebung mit überwiegend pflanzlicher Nahrung versetzt wurden.

> In nur 36 Jahren änderte sich die Kopfform, die Tiere wurden Vegetarier und entwickelten ein entsprechendes Verdauungssystem und Gebiss.[117]

Die Evolution verlief überraschend schnell, auch in diesem Fall ohne Zwischenglieder – ein erneuter Hinweis auf Zielgerichtetheit.

Im Jahre 2001 veröffentlichten D.N. REZNICK und C.K. GHALAMBOR[118] eine Zusammenfassung über 47 Studien, die allesamt belegen, dass eine schnelle Evolution nicht ungewöhnlich ist. Sie zeigten u.a., dass Veränderungen der Umwelt eine außergewöhnlich schnelle Evolution bei Guppys zur Folge hatten.

Wildguppys, eine Familie der *Poecilia reticulata*, beliebte Süßwasser-Aquarienfische, die in zahlreichen Arten und Gattungen vorkommen, sind in Guayana, Venezuela, Trinidad und Barbados beheimatet. In zwei Nebenflüssen des El Cedro und Aripo Rivers in Trinidad – im einen wenige, im anderen viele Raubfische – wurden sie untersucht. Die zwei Gruppen Guppys unterscheiden sich in ihren körperlichen Merkmalen wie Gewicht und Größe, aber auch in Lebensdauer und Geschlechtsreife. Fische in räuberarmen Gewässern sind größer, leben länger, erreichen später die Geschlechtsreife und haben weniger Nachwuchs als ihre Artgenossen in räuberreichen Gewässern.

Guppys aus dem räuberreichen Nebenfluss wurden in den räuberarmen Fluss umgesiedelt und umgekehrt. Nach nur etwa 10 Jahren wechselten die körperlichen und Verhaltensmerkmale und Genuntersuchungen zeigten, dass die Unterschiede genetisch fixiert waren. Die Studien ergaben eine bis zu 10 Millionen Mal höhere Evolutionsgeschwindigkeit gegenüber den aus Fossilienreihen abgeleiteten Geschwindigkeiten. Der Wegfall des Risikos durch Fressfeinde hatte eine rasche Veränderung zur Folge, ohne dass dabei eine vorangehende Diversifikation und darauffolgende Selektion stattgefunden hätte. Wären diese Mutationen zufälliger Natur gewesen, wie es die Evolutionstheorie voraussetzt, hätte man dann nicht zahlreiche Zwischenstufen finden müssen? Derartiges wurde aber nicht beobachtet. Ich darf zum x-ten Male wiederholen: Die Anpassung erfolgte ohne Zwischenglieder und sie war erfolgreich.

Ähnlich schnelle Anpassungen wurden in der Natur bei vielen anderen Arten nachgewiesen, z.B. bei Darwinfinken, Leguanen und beim Birkenspanner.

REZNICK und GHALAMBOR stellen fest:

If we take these data at face value, then they argue that high rates of adaptive evolution, meaning rates that may be observable within the lifetime of an investigator and that are orders of magnitude faster than inferences based on the fossil record, may be a general capacity of a diversity of organisms and for a diversity of traits.[119]

15 Vorgetäuschte Saltationen

Neue Arten entstehen durch eine komplette Neukonstruktion in der Zelle selbst und werden von den „Leiheltern" (Zellen) erst in ihrer endgültigen Form in die Welt gesetzt. Leibhaftige Zwischenglieder gibt es daher nicht.

Die große Frage bleibt unbeantwortet, wie höhere Arten entstanden sein sollen, wenn wir ausschließen, dass der Weg über die Akkumulation von schrittweise erfolgenden, kleinen Veränderungen verlief, und wenn wir die Theorie der *gestuft variablen Geschwindigkeiten* wegen des Fehlens von Zwischengliedern ablehnen sowie auch die Möglichkeit von *Hopeful Monsters*, entstanden durch eine einzige plötzliche große Mutation.

Eine logische Antwort auf diese Frage könnte so lauten, dass die Konstruktion einer neuen Art durch eine komplette Neukonstruktion in der Zelle selbst stattfindet, und zwar langsam und aufbauend auf Erfahrungen mit der Anpassungsfähigkeit und Funktionstüchtigkeit der bestehenden Art. Die neue Art kommt erst zur Geburt, wenn die Neukonstruktion fertig ist, weswegen leibhaftige Zwischenstufen fehlen. Die Überlebensfähigkeit der neuen Art kann nur am fertigen Exemplar erprobt werden.

Das Problem besteht darin, die neue Art zu konstruieren, während die ‚Maschine' läuft.

Die Lösung ist, dass die Neukonstruktion nicht durch Herumbasteln am vorhandenen, funktionierenden Genbestand erreicht wird, sondern durch Hinzufügen von neuen Gensequenzen durch Anlagerung von weiteren Nukleotidbasen an die DNS-Kette. D.h. der neue Bauplan wird durch Verlängerung der DNS-Kette erzeugt. Ist die Neukonstruktion fertig, wird der alte Bauplan abgestellt, der neue in ‚Betrieb' genommen. Heutige Bakterien z.B. haben eine DNS-Kette von etwa 1 mm Länge, während bei Säugetieren die Kettenlänge des DNS Moleküls 1 bis 2 Meter beträgt.

Das Wesentliche dabei ist, dass jede neue Art eine komplette Neukonstruktion darstellt (den Entwurf einer radikal genveränderten Samenzelle), die Verwandtschaft zu Vorgängerindividuen jedoch nicht körperlicher, sondern nur konzeptioneller Art ist. Bewährte Strukturelemente, wie z.B. *Cytochrom c*, und Bauelemente wie Flossen, Flügel, Beine und Augen finden wiederholt und bei vielerlei Arten Verwendung. Eine körperliche Verwandtschaft darf daraus nicht abgeleitet werden, wie etwa die Annahme, der Mensch stamme vom Affen ab. Der Mensch ist eine komplette Neukonstruktion, wobei XENO zur Konstruktion auf Erfahrungen und Baupläne zurückgegriffen hat, die es mit Vorgängermodellen machte. Das hier präsentierte Evolutionsmodell könnte durch eine eingehende Sequenzanalyse des Genbestandes von verschiedenen, miteinander verwandten Arten bestätigt werden.

Müll-DNS

Die Jahre 1953 und 2000 waren wichtige Meilensteine in der Geschichte der modernen Genetik. 1953 entschlüsselten James W. Watson und Francis Crick die Struktur der DNS, im Jahre 2000 gelang dann zwei amerikanischen Forscherteams die Entschlüsselung des gesamten menschlichen Genoms. Bald jedoch stellte sich heraus, dass die Kenntnis vom nunmehr bekannten genetischen Code nicht ausreicht, Genfunktionen exakt bestimmten Prozessen im Körper zuzuordnen. Ein weiteres Rätsel wartet auf eine Erklärung: Die Frage nach der genauen Funktion der einzelnen DNS-Sequenzen.

Amerikanische Forscher stellten fest, dass rund 97 % der DNS aller Lebewesen, von der Maus bis zum Mensch, überflüssig, weil ohne Funktion sind. Entfernt man einen Teil der Müll-DNS, bleiben die Lebensfunktionen, wie man es bei Experimenten an Mäusen feststellen konnte, voll erhalten. Man fand an den Mäusen keine gesundheitlichen Beeinträchtigungen.

Man entwickelte zwar verschiedene Theorien, z.B. dass diese als Müll-DNS bezeichneten Abschnitte vielleicht doch irgendwelche nützlichen biologischen Funktionen übernehmen könnten, das Rätsel ist aber bis heute nicht gelöst.

Kein Wunder also, dass auch phantastisch anmutende Theorien aufgekommen sind: Im Jahre 2005 veröffentlichte PAUL DAVIES in „New Scientist“[120] einen Artikel, der für Aufsehen sorgte. Er äußerte die Vermutung, dass die nicht kodierten Abschnitte der DNS möglicherweise eine Sprache darstellen und damit eine Botschaft von Außerirdischen an uns sind – und PAUL DAVIES ist kein Science Fiction-Autor, sondern ein international hoch angesehener Physiker. Er forscht auf dem Gebiet der Astrophysik und Kosmologie, er ist Verfasser von zahlreichen allgemein anerkannten wissenschaftlichen Publikationen und populärwissenschaftlichen Büchern. Er machte auch Vorschläge, wie man die Sprache der Gene entschlüsseln und lesbar machen könnte.

Ich möchte hier eine andere Vermutung äußern: Nämlich dass die Müll-DNS die abgelegten, nicht mehr benötigten Baupläne unserer Ahnenreihe darstellt. Indizien, die als Stütze für meine Vermutung gelten können, erbrachten Forscher, als sie in der Müll-DNS von Mäusen, Ratten und Menschen 500 völlig identische Genabschnitte fanden, obwohl diese Gattungen sich vor 75 Millionen Jahren voneinander trennten. Hühner, Hunde und Fische haben sogar 400 Millionen

Jahre alte DNS-Abschnitte. Möglicherweise liegt der Schlüssel für unsere Abstammung in der Müll-DNS verborgen und es wäre mehr als lohnend für die Evolutionstheorie, ihn aufzuspüren.

16 Irreduzible Komplexität

Darwin war ein sorgfältig arbeitender Wissenschaftler. Er hat nicht nur eine beeindruckende Fülle von Material zusammengetragen, das seine Thesen stützt, sondern auch Kriterien aufgezeigt, die seine Theorie falsifizieren würden, z.B.:

> Ließe sich das Vorhandensein eines zusammengesetzten Organs nachweisen, das nicht durch zahlreiche aufeinanderfolgende geringe Abänderungen entstehen könnte, so müßte meine Theorie zusammenstürzen.[121]

Dies darf durch den Begriff ‚irreduzibel komplex' als geschehen betrachtet werden, geprägt und definiert von Michael J. Behe, Professor für Biochemie an der Lehigh University in Bethlehem und prominenter Vertreter der Intelligent Design-Theorie:

> Unter *irreduzibel komplex* verstehe ich ein einzelnes System, das aus mehreren, gut aufeinander abgestimmten, interagierenden Teilen besteht, die an der Grundfunktion beteiligt sind. Wird irgendein Teil entfernt, führt dies dazu, dass das System nicht mehr wirklich funktionieren kann. Ein irreduzibel komplexes System kann nicht durch kleine aufeinanderfolgende Modifikationen aus einem Vorgängersystem heraus auf direktem Wege entstehen (d.h. durch fortwährende Verbesserung der Anfangsfunktion, die aufgrund des gleichen Mechanismus bestehen bleibt). Wenn nämlich irgendeinem Vorgänger eines irreduzibel komplexen Systems ein Teil fehlt, führt dies definitionsgemäß zum Funktionsverlust.[122]

Beispiele für solche *irreduziblen Systeme* sind das kleine Bakterium ‚bakterielles Flagellum' und der Bombardierkäfer.

Flagellen oder Geißeln sind fadenförmige Gebilde auf der Oberfläche einzelner Zellen, die der Fortbewegung dienen.

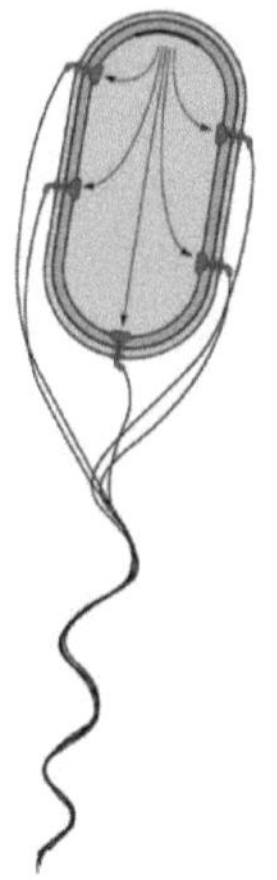

Abb. 16 *Escherichia coli* mit Flagellen

Die elektronenmikroskopische Untersuchung des Fortbewegungsapparates enthüllte einen atemberaubend komplexen Aufbau, d.h. was wie die komplizierte Zeichnung eines technischen Gerätes aussieht, ist in Wirklichkeit das Fortbewegungsorgan eines winzig kleinen Bakteriums.

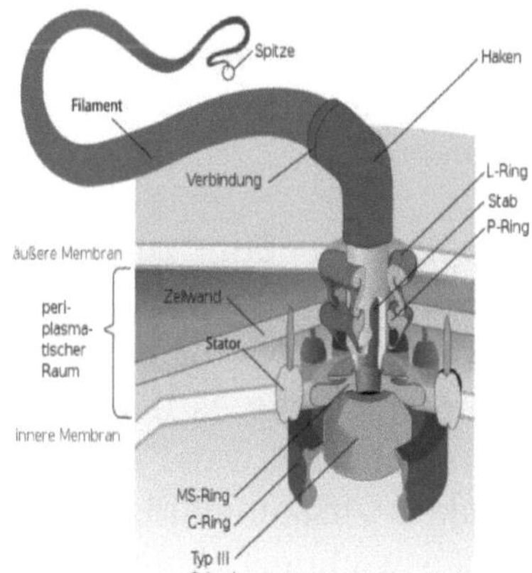

Motorkomplex einer Flagelle eines Gram-negativen Bakteriums (dünne Zellwand). Das eigentliche Flagellum ist in Wirklichkeit wendelförmig

Abb. 17: Der komplexe Aufbau eines Flagellums

> Die Flagellen der Prokaryoten sind gewendelte Proteinfäden außerhalb der Zellmembran, die sich nicht aktiv verformen, an ihrem in der Zelle verankerten Ende durch einen Motor in Drehung versetzt werden und auf diese Weise – ähnlich wie ein Propeller – einen Schub oder Zug ausüben. [...]
> Die Flagellen wirken durch ihre Wendelung ähnlich wie ein Propeller. Der Motorkomplex setzt einen Konzentrationsunterschied an Protonen zwischen den beiden Seiten der inneren Zellmembran in eine Drehbewegung des auf einem gekrümmten „Haken" sitzenden gewendelten Filaments um und folgt damit einem ähnlichen Bauprinzip wie die ATP-Synthase. Die Flagellenmechanik stellt das bisher einzig bekannte echt rotierende Gelenk in der gesamten Biologie dar. Die Drehfrequenz liegt um 40–50 Hz.
> Die Richtung der durch den Motor bewirkten Flagellen-Drehung in Kombination mit der Windungsrichtung der Flagellen-Wendel bestimmt, ob ein Schub oder ein Zug auf den Bakterienkörper ausgeübt wird. Die Richtung der durch den Motor bewirkten Drehung kann in sehr kurzer Zeit umgekehrt werden, so dass Schub und Zug schnell wechseln können.
> In der Regel ist die Drehrichtung der Flagellen so, dass sie schieben. Das bedeutet, dass sie sich bei *monopolar* begeißelten Bakterien am Hinterende befinden. Der Bakterienkörper dreht sich dabei (langsamer) in entgegengesetzter Richtung (Erhaltung des Drehimpulses).[123]

Das bakterielle Flagellum benötigt zum Funktionieren mehr als vierzig Proteine, die alle spezielle Aufgaben steuern: Dazu gehören Signale, um den Motor ein- und auszuschalten, sogenannte ‚Lagerproteine', die es dem Flagellum ermöglichen, die Zellmembran und Zellwand zu durchdringen, Proteine, welche die Struktur zusammenfügen und Proteine, welche die Synthese lebenswichtiger Proteine steuern.[124]

Bei diesem Anblick drängt sich der Eindruck eines *irreduzibel komplexen* Systems förmlich auf.

Ein weiteres, fesselndes Beispiel eines vermutlich nicht reduziblen Systems bildet der Verteidigungsmechanismus des Bombardierkäfers.

Abb. 18: Bombardierkäfer der Gattung Brachinus

Das etwa 5 bis 15 mm große Insekt ist mit einem *High Tech*-Abwehrsystem ausgestattet, das bereits das Interesse von Ingenieuren erweckt hat, die versuchten, medizinische Sprays und industrielle Sprühvorrichtungen nach dem gleichen Prinzip zu bauen.

In zwei getrennten Drüsen seines Hinterteils produziert Brachinus die Chemikalien Hydrochinon und Wasserstoffperoxid (H_2O_2) und pumpt diese im Verhältnis 10 % Hydrochinon zu 23 % H_2O_2 in eine Vorratskammer. Damit die Oxidation von Hydrochinon nicht gleich einsetzt und die Mischung unbrauchbar macht, wird zur Haltbarmachung ein Stabilisator hinzugefügt. Zur Zündung der Mischung benötigt der Bombardierkäfer zwei Enzyme, Katalase und Peroxidase, und die Bombe ist fertig. Wird der Käfer angegriffen, drückt er durch einen am Ausgang der Vorratskammer befindlichen Muskel eine genau abgewogene Menge Flüssigkeit in die davorliegende Explosionskammer. Die Wand der Explosionskammer ist druck- und feuerfest. Bei Lebewesen ein einzigartiges Phänomen. Um die Wände der Explosionskammer herum befindet sich eine Reihe von Drüsen, welche die zum

Auslösen der Explosion nötigen Enzyme, Katalase und Peroxidase, herstellen und durch winzige Poren in die Kammer sprühen. Die Zuführung der Enzyme zur Hydrochinon/Superoxid-Mischung löst eine heftige Explosion aus. Dabei ertönt ein Explosionsknall und es entsteht übelriechendes Benzochinon, das durch eine im Hinterteil befindlichen ‚Kanone' bis zu 20 cm weit Richtung Angreifer fliegen kann. Meist genug, um ihn in die Flucht zu schlagen.

Darwinisten halten beide Systeme nicht für irreduzibel komplex und wenden ein, dass die Teile des Gesamtsystems sowohl bei *Escherichia coli* als auch beim Bombardierkäfer früher vielleicht eine nützliche Funktion erfüllt haben könnten. DAWKINS argumentiert, dass die Evolution des Systems ‚auf der Tatsache beruht, dass die Elemente des Systems zufällig bereits sowieso vorhanden waren'. Im Laufe der Zeit ‚erkannte dann die Natur', dass das Zusammenschließen der Einzelteile einen viel größeren evolutionären Vorteil für sie bedeuten würde. Eine Begründung, gegen die man argumentativ grundsätzlich nicht vorgehen kann, denn sie entzieht sich jeder Beweisbarkeit. Wer weiß schon, was alles in Millionen von Jahren *die Affen der zufälligen Abläufe* hervorgebracht haben könnten?

Von Darwinisten wird die Idee der irreduziblen Komplexität für unwissenschaftlich gehalten und kategorisch abgelehnt. Als Hauptargument wird ins Feld geführt, dass die These der irreduziblen Komplexität ein *argumentum ad ignorantiam* ist, d.h. ein Argument, das auf Nichtwissen basiert und mit dem der Argumentierende ‚seine mangelnde Vorstellungskraft oder Ignoranz für hinreichen beweiskräftig hält'. Nun – wer im Glashaus sitzt, soll nicht mit Steinen werfen. Der Darwinismus selbst basiert auf mehreren nicht beweisbaren Glaubenssätzen, die, wie in Teil II gezeigt wurde, in wesentlichen Teilen als widerlegt gelten müssen. Mangelnde Vorstellungskraft darf man Darwinisten indessen nicht vorwerfen, wie Argumente zeigen, die zur Widerlegung der irreduziblen Komplexität ins Feld geführt werden und typischerweise so lauten:

> Neueste Fortschritte … *deuten darauf hin*, dass diese Organellen verschiedene Funktionen in frühen eukaryotischen Zellen übernommen *haben könnten* … wir *vermuten* … dass Protocilien die Hauptbestimmungsmerkmale der Zell-Polarität waren und die Zellbewegung der ersten Eukaryoten steuerten, wir *glauben*, dass der Zusatz eines asymmetrischen Zentralapparats […] … eine verfeinerte Richtungskontrolle bot … Diese Arbeit zeigt *hypothetisch angenommene* Schritte in diesem evolutionären Prozess und Beispiele, die diese *Hypothesen* unterstützen.[125]

Fortschritte deuten darauf hin, ... übernommen haben könnten, … wir vermuten, … wir glauben, … hypothetisch angenommene Schritte, … die diese Hypothese unterstützen – sollen das wissenschaftlich adäquate Argumente sein, die eine sich über jeden Zweifel erhaben glaubende Theorie zu diesem wichtigen Sachverhalt anführen kann?

TEIL IV

17 WAS IST LEBEN?

Was war das Leben? Man wußte es nicht. Es war sich seiner bewußt, unzweifelhaft, sobald es Leben war, aber es wußte nicht, was es sei.[126]
Thomas Mann – Der Zauberberg

Zahlreiche Philosophen und Naturwissenschaftler haben den Versuch unternommen, eine präzise, apodiktische Definition von Leben zu geben, darunter namhafte Physiker wie NIELS BOHR (Nobelpreis 1922), ERWIN SCHRÖDINGER (Nobelpreis 1933) und EUGENE (JENŐ) WIGNER (Nobelpreis 1963). Zu einem endgültigen Ergebnis kam keiner von ihnen, doch lieferten ihre Überlegungen Stoff für weiterführende Forschungen in unterschiedlichen wissenschaftlichen Disziplinen.

NIELS BOHR war von den bahnbrechenden Erkenntnissen der Quantenphysik über die Theorie der Materie überzeugt, wie sie von WERNER HEISENBERG und ERWIN SCHRÖDINGER formuliert wurden und welche die duale Natur der Materie offenbarten („die Physiker konnten nicht mehr sagen, ob die Bausteine der Materie sich wie Teilchen verhielten, oder sie sich als Wellen ausbreiteten"). Der Welle-Teilchen-Dualismus des Lichts veranlasste ihn, das Prinzip der Komplementarität zu formulieren.

Komplementarität ist ein Begriff der Erkenntnistheorie für zwei (scheinbar) widersprüchliche, einander ausschließende, nicht aufeinander reduzierbare Beschreibungsweisen oder Versuchsanordnungen, die aber in ihrer wechselseitigen Ergänzung zum Verständnis eines Phänomens oder Sachverhaltes im Ganzen notwendig sind.[127] NIELS BOHR vertrat die Ansicht, dass dieses Prinzip universeller erkenntnistheoretischer Natur sei und daher auch auf die Biologie übertragen werden könne. Seine Ansichten veröffentlichte er 1933 unter dem Titel „Licht und Leben“[128] und trug sie 1962 anlässlich der Einweihung des Instituts für Genetik der Universität zu Köln vor. Darin bezweifelte er, dass das Phänomen ‚Leben auf Physik und Chemie reduzierbar ist‘.

In seinem 1944 erschienenen Buch „Was ist Leben?“ untersuchte ERWIN SCHRÖDINGER die Erklärbarkeit des Lebens durch Gesetze der Physik. Sein Beitrag fand weltweite Beachtung und wird heute noch als Standardwerk in zahlreichen wissenschaftlichen Abhandlungen zitiert. SCHRÖDINGER führte die Idee der Information in die Biologie ein und lenkte so die Aufmerksamkeit der Biologen auf die Natur des genetischen Codes.

EUGENE WIGNER bezweifelte, dass die Frage „Was ist Leben?“ überhaupt beantwortbar ist. Ein physikalisches System, meinte WIGNER, könne den Übergang zwischen Nichtleben und Leben ohne Verletzung der Gesetze der Quantenmechanik nicht überschreiten.

In zahlreichen wissenschaftlich-philosophischen Abhandlungen ist der Begriff Leben inzwischen als eine gegebene Größe gebräuchlich, wie Materie oder Energie. Anstatt eine exakte Definition zu wagen, wird ‚Leben‘ heute beschrieben, indem Merkmale möglichst umfassend aufgelistet werden, die alle Lebewesen charakterisieren, um auf diese Weise die belebte Natur von der unbelebten Materie abzugrenzen. Hier seien nur die wichtigsten genannt:

> Sie sind von der Umwelt abgegrenzte Stoffsysteme, haben Stoff- und Energiewechsel und sind damit in Wechselwirkung mit ihrer Umwelt, organisieren und regulieren sich selbst, pflanzen sich fort und sind damit auch zu Wachstum und Differenzierung fähig.[129]

Wie wir im Weiteren sehen werden, sind obige Charakteristika zwar notwendige, aber keine hinreichenden Merkmale, um das Phänomen Leben eindeutig zu beschreiben, denn „eine ganze Reihe von Eigenschaften, die lebenden Wesen zugeschrieben werden, gelten offensichtlich auch für unbelebte Gegenstände“. Als anschauliches Beispiel wird an dieser Stelle gerne das Feuer genannt: Eine Flamme grenzt sich von der Umgebung ab, sie hat einen Stoffwechsel, kann sich ausbreiten und vermehren und erfüllt damit eine ganze Reihe von Eigenschaften, die auch zur Charakterisierung lebender Systeme dienen.

Wissenschaftler der NASA vereinfachten die Definition von Leben hingegen radikal als ein ‚chemisches System, fähig zur Darwin‘schen Evolution‘ und verzichteten auf das Aufzählen von immer neuen Merkmalen.

Wiederum andere halten die Entwicklung einer grundlegend neuen Theorie für nötig, da die bekannten Naturgesetze, die Gesetze der Physik und der Chemie, offenkundig nicht ausreichen, das Phänomen Leben zu verstehen. Die noch unentdeckten naturwissenschaftlichen Gesetze könnten die Evolution des Lebens zwangsläufig zur Folge gehabt haben.

Aus meiner Sicht erfordern die Theorie der gerichteten Panspermie und die geschilderten Konsequenzen daraus eine Neudefinition des Lebens. Denn oberflächlich betrachtet wirkt durch sie der Mensch wie ein durch genetische Algorithmen gesteuerter, seelenloser Roboter. Eine beklemmende Vorstellung, die in dieser einfachen Form aber nicht zutrifft. Das Leben enthält notwendigerweise auch eine geistige Komponente, die sich in dem im DNS-Molekül innewohnenden, genetischen Programm manifestiert. Über seine Beschaffenheit wissen wir zurzeit nur wenig, doch da es dem Menschen schließlich innewohnt, kann er es eines Tages womöglich auch lesen – dies wäre allerdings eine Leistung, die bekannte Begriffe nicht genügend würdigen können.

Das menschliche Genom besteht aus drei Milliarden (!) Aminosäuren, deren Anordnung in einer uns bisher nicht bekannten Sprache die Bauanleitung Mensch beschreibt. Eine rätselhafte Schrift, bestehend aus vier Buchstaben – Adenin, Thymin, Guanin und Cytosin – die Bausteine der DNS. „Ein Ausdruck dieser Buchstaben in normaler Größe auf normalem Papier ergäbe einen Turm von 185 Metern Höhe – so hoch wie das Washington Monument“[130], oder wenn man möchte, eine Bibliothek mit 2500 Bändern mit je 500 Seiten. – Wer hat dieses Werk geschrieben? Waren es *die Affen der zufälligen Abläufe auf der Erdoberfläche*, oder „War es ein Gott, der diese Zeichen schrieb?“[131]

Wir können es nicht wissen. Aber eines Gottes würdig wäre dieses Werk zweifellos.

18 KÜNSTLICHES LEBEN

Zahlreiche Mythen der Sumerer, Hebräer, Babylonier, Maya und vieler anderer Völker rund um den Erdball bezeugen die uralte Überzeugung, dass der Mensch nicht auf natürlichem Wege entstanden ist, sondern von Göttern oder von einem einzelnen Gott erschaffen wurde.

Seit dem Altertum träumen die Menschen davon, es den Göttern gleich zu tun und selbst künstliches Leben zu formen. Den meisten Menschen unseres Kulturkreises dürfte die Geschichte von der Erschaffung des Golem durch den Prager Rabbi Löw aus den vier Elementen Erde, Wasser, Feuer und Luft unter Zuhilfenahme geheimnisvoller Zaubersprüche oder die schaurige Geschichte von der Erschaffung eines Monsters durch den jungen Doktor Frankenstein aus den Körperteilen kürzlich Verstorbener bekannt sein.

Auch Homunkulus, der dämonische Helfer magischer Praktiken, war ein künstlich geschaffenes Wesen, das vom Spätmittelalter bis in die Neuzeit hinein Gegenstand von philosophischen Diskursen wurde und GOETHE beim Faust II inspirierte. Darin brütet der junge Wagner Homunkulus in einem Glaskolben aus:

> „Es leuchtet! seht! – Nun läßt sich wirklich hoffen,
> Daß, wenn wir aus viel hundert Stoffen
> Durch Mischung – denn auf Mischung kommt es an –
> Den Menschenstoff gemächlich componiren,
> In einen Kolben verlutiren
> Und ihn gehörig cohobiren,
> So ist das Werk im Stillen abgethan.
> [...]
> Es wird! die Masse regt sich klarer!
> Die Ueberzeugung wahrer, wahrer!
> Was man an der Natur Geheimnisvolles pries,
> Das wagen wir verständig zu probiren,

Und was sie sonst organisiren ließ,
Das lassen wir krystallisiren.

Nicht magische Kräfte, sondern chemische Reaktionen und wohlbedachte Verfahrensschritte – componiren, verlutiren, cohobiren – brachten den Homunkulus zum Leben – eine rudimentäre Form der chemischen Evolution?

Für die Naturwissenschaften wurde künstliches Leben aber erst nach 1953 zum Thema, als die DNS-Struktur durch FRANCIS CRICK und JAMES WATSON entschlüsselt wurde. In der Folgezeit erlebte die Genforschung einen beispiellosen Aufschwung und Gentechnologie, synthetische Biologie, Molekulargenetik und andere verwandte Forschungszweige erzielten faszinierende, neue Ergebnisse:

1966
Der britische Biologe John Gurdon stellt Klone des afrikanischen Krallenfrosches her, indem er Kerne von Darmwandzellen in entkernte Eizellen einschleust.

1972
Paul Berg benutzt eine enzymatische Genschere, um die DNA von Bakterien und Viren zu schneiden. Berg wird 1980 mit dem Chemie-Nobelpreis geehrt.

1973
Die kalifornischen Forscher Stanley Cohen, Annie Chang und Herbert Boyer schleusen ein künstlich hergestelltes kreisförmiges DNA-Molekül (ein „Plasmid“) in das Bakterium Escherichia coli ein, welches daraufhin die fremden Eiweißmoleküle bildet, die von dem Plasmid kodiert werden. Erstmals ist es damit gelungen, Gene von einem Organismus auf einen anderen zu übertragen – die Geburtsstunde der Gentechnik. Cohen ist Medizin-Nobelpreisträger 1986.

1977
Walter Gilbert und Albert Maxam stellen eine Methode vor, um

die Abfolge der DNA-Bausteine zu bestimmen. Ein weiteres Verfahren wird im selben Jahr von Fred Sanger entwickelt. Drei Jahre später teilen sich Gilbert und Sanger den Chemie-Nobelpreis.

1982
Das erste gentechnisch hergestellte Medikament, das menschliche Insulin, kommt in den USA auf den Markt. Es wird von Bakterienzellen produziert, die das menschliche Insulin-Gen enthalten.

1983
Kary Mullis erfindet in Kalifornien die Polymerase-Kettenreaktion (PCR), mit der man DNA außerhalb von Zellen vervielfältigen kann. Die PCR ist heute in der medizinischen Diagnostik und in der Forschung eine wichtige Technik. Mullis erhält für seine Entwicklung 1993 den Chemie-Nobelpreis.

1992
Zum ersten Mal wird ein Chromosom eines zellkernhaltigen Lebewesens vollständig entschlüsselt, das Chromosom III der Bäckerhefe.

1994
Das erste genetisch veränderte Lebensmittel, die „Anti-Matsch"-Tomate, wird in den USA zugelassen.

1995
Zum ersten Mal ist die Gensequenz eines Bakteriums vollständig bekannt (Haemophilus influenzae).

1997
Schottische Forscher präsentieren das Klonschaf „Dolly", das erste Säugetier, das aus der Körperzelle eines erwachsenen Tieres hergestellt wird.

2000
Im April gibt die Firma Celera bekannt, sie habe das Erbgut des Menschen vollständig entziffert und sei dabei, die 60 Millionen

Fragmente am Computer zusammen zu setzen. Im Juni verkündet das öffentlich geförderte Humangenomprojekt seinen Erfolg: Die Forscher haben 97 Prozent des menschlichen Erbguts entschlüsselt.
Zum ersten Mal ist auch das Erbgut einer Pflanze bekannt, das Genom der Ackerschmalwand Arabidopsis thaliana.
Das erste nach genetischen Kriterien ausgewählte Kind kommt in den USA zur Welt.

2001
Francis Collins vom öffentlich geförderten Humangenomprojekt und Craig Venter von der Firma Celera legen eine detaillierte Karte des menschlichen Erbguts vor. Zugleich verkünden die ehemaligen Konkurrenten, dass sie die Daten fortan gemeinsam auswerten werden.[132]

Die erste Konferenz zum Thema „Künstliches Leben" fand 1987 in Santa Fee, New Mexico, statt. In einer Zusammenfassung der Ergebnisse des Kongresses wurde eine faszinierende Vision verkündet:

> Innerhalb von fünfzig bis einhundert Jahren wird voraussichtlich eine neue Klasse von Organismen entstehen. Diese Lebewesen werden in dem Sinne künstlich sein, als sie von Menschen gestaltet wurden. Dennoch werden sie sich fortpflanzen und in Formen umwandeln, die anders als ihr Ursprung sind. Sie werden „leben" in des Wortes eigentlicher Bedeutung. [...] Der Beginn einer Ära des Künstlichen Lebens wird das wichtigste historische Ereignis seit der Entstehung des Menschen sein.[133]

Die Erwartungen sind hochgesteckt:

> [Man prophezeit], dass der Computer [L.M.: biologische Roboter?] den Menschen innerhalb von fünfzig Jahren überholt und ersetzt haben werde. Ab dem Jahr 2100 werde ein Zeitalter des Geistes ausbrechen durch Abschaffung der Arbeit: Was uns er-

> wartet ist gewissermaßen das mechanisierte Paradies, weil es einen unvorstellbaren Wohlstand geben werde.[134]

Und die Entwicklung geht rasant voran:

Am 21. Mai 2010 verkündete CRAIG VENTER, dass es an seinem Institut gelungen sei, das komplette Erbgut eines Bakteriums, des *Mycoplasma mycoides*, nachzubauen und in ein anderes Bakterium einzupflanzen. Die erste vermehrungsfähige, künstliche Zelle aus dem Reagenzglas wurde hergestellt. Dieses Kunststück von CRAIG VENTER und seinem Team markiert einen Meilenstein auf dem Weg des *Genetic Engineering* und auch auf dem Weg zur Erschaffung von künstlichem Leben.

Das Genom des *Mycoplasma mycoides* besteht aus 1.100.000 Basenpaaren, deren Sequenz vor Beginn der Arbeiten des CRAIG-Teams schon bekannt war. Zunächst wurde die komplette Struktur des doppelsträngigen Genoms am Computer modelliert und visualisiert und dann in 1.100 sich überlappende Stücke aufgeteilt, deren Enden, bestehend aus je 80 Basenpaaren, mit den Enden der vorangehenden und folgenden Basenpaaren übereinstimmten, damit die Genfolge des Genoms aus den künstlichen Bruchstücken, die zunächst nur im Computer existierten, wieder zusammengesetzt werden konnte.

Die experimentelle Arbeit wurde dadurch erleichtert, dass die Herstellung von beliebigen, vorgegebenen Genfolgen heute bereits weitgehend technisiert und kommerzialisiert ist. Kurze DNS-Stücke, die sogenannten Oligonucleotide, kann man heute wie gewöhnliche Chemikalien bei verschiedenen Herstellern kaufen und weiterverarbeiten. Die experimentelle Arbeit bestand in diesem Fall im Zusammenfügen der Bruchstücke in der richtigen Reihenfolge.

Dazu wurden die Bruchstücke in mehreren Schritten in Hefezellen des Bakteriums *Escherichia coli* eingepflanzt, deren Enzyme in der Lage sind, die Sequenzen zusammenzufügen. Die Hefezelle kann bis zu 25 Genbruchstücke in ihrem Zellinnern zusammenbauen – viel zu wenig für die 1.100 Bruchstücke. Man ging daher in Etappen vor. Im ersten Schritt wurden von der Hefe jeweils zehn DNS-Stücke zu rund 10.000 Basenpaare langen Ketten zusammengesetzt. Im zweiten Schritt dann 10 mal 10.000 Basenpaare lange Stücke zu 100.000 langen Ketten. Schließlich wurden die verbliebenen elf Stücke zum kompletten Erbring des Bakteriums zusammengesetzt. Das künstlich gebaute Genom des *Mycoplasma mycoides* schien damit erfolgreich reproduziert zu sein.

Bei dem Versuch jedoch, das Genom in einer Gastzelle zum Leben zu erwecken, ergaben sich unerwartete Schwierigkeiten. Als das künstliche Genom in die entkernte Zelle des nahe verwandten *Mycoplasma capricolum* eingepflanzt wurde, regte sich kein Leben. Man vermutete, dass sich während der langwierigen Synthese Fehler in die Sequenzfolge eingeschlichen hatten. Die mehr als eine Million Basenpaare mussten Stück für Stück überprüft werden. Nach dreimonatiger Arbeit stellte sich heraus, dass ein einziges Basenpaar von 100.000 während der Synthese verloren gegangen war, und außerdem, dass die künstliche DNS methyliert war und daher, um den Gencode lesbar zu machen, vor dem Einsetzen entmethyliert werden musste.

Nach Überwindung dieser Schwierigkeiten war es endlich so weit. Die Wirtszelle erkannte das künstliche Erbgut und sie vermehrte sich. Man feierte das Ereignis als gelungene Erschaffung künstlichen Lebens.

War es aber wirklich künstliches Leben, das CRAIG VENTER und Mitarbeiter erzeugt haben? Die meisten Wissenschaftler sagen, nein. Leben *ab ovo* zu erzeugen ist etwas grundsätzlich anderes. Erst wenn es gelingt, durch eine intelligente, wissensbasierte Programmierung (Design) ein bisher nicht existierendes Lebewesen zu erzeugen und nicht durch Nachbauen von etwas Vorhandenem oder durch bloßes Probieren, können wir mit Recht von der Erschaffung von künstlichem Leben sprechen. Das VENTER-Team machte nur etwas nach, das bereits existierte, erzeugte aber keine neue Lebensform.

Aber schon allein die bisher erzielten Ergebnisse sind vielversprechend. Bakterien, die nach dem Baukastenprinzip genetisch verändert werden können, könnten vielerlei nützliche Aufgaben übernehmen. Sie könnten z.B. Impfstoffe und Medikamente herstellen, Biokraftstoffe oder Kohlenwasserstoffe für die chemische Industrie produzieren. Gentechnisch manipulierte Algen könnten CO_2 abbauen. Die Zahl der möglichen Anwendungen ist groß; aufregende Entdeckungen stehen uns bevor.

Ein brandneues Buch ist nun aufgeschlagen, geschrieben in einer uns noch nicht bekannten Sprache, die zu entschlüsseln wir aufgebrochen sind. Diese Sprache wird voraussichtlich nicht die Sprache der klassischen Physik, nicht die Sprache der 2x2=4-Arithmetik sein. Es wird die Sprache des Lebens sein, die ein einfaches Bakterium angeblich dazu anhalten kann, sich in ein anderes Lebewesen mit Organen, Flügeln oder Beinen usw. zu verwandeln. Ist so etwas wirklich möglich? Der Darwinismus wird bald auf experimentellem Wege auf die Probe gestellt.

Coda

Wenn es eine Selbsttäuschung ist, dass an der Beschaffenheit des Menschen etwas verehrungswürdig und seines Urhebers wert ist, so möchte ich lieber in dieser Täuschung leben und sterben, als dass mir die Augen geöffnet werden, um meine Art in einem demütigenden und ekelerregenden Licht zu sehen.[135]

Thomas Reid, 1775

Die Evolutionstheorie war die größte Demütigung, die dem Menschen, insbesondere dem christlichen Menschenbild, in seiner 6000-jährigen Kulturgeschichte zugefügt wurde. Nach der christlichen Lehre erschuf Gott den Menschen als die Krone seiner Schöpfung nach seinem Ebenbild. Jahrtausende lebte der Mensch in der beruhigenden Gewissheit, einen besonderen Platz im Universum einzunehmen. Er vertraute darauf, dass trotz der zahlreichen Irrtümer, die sein irdisches Dasein begleitet haben mögen, Gottes Urteil über ihn günstig ausfallen und er Gnade in Gottes Augen finden würde, wenn er nur bemüht gewesen war, ein aufrechtes Leben zu führen.

Darwin degradierte den Menschen vom Kind Gottes zu einem gewöhnlichen Tier, hervorgekrochen ‚aus dem finsteren Wald und Höhlen' einer blinden Evolution (Loren Eiseley). „Was ist der Affe für den Menschen? Ein Gelächter und eine schmerzliche Scham" (Friedrich Nietzsche). Tiefer hätte der Fall nicht sein können.

Und das Bild, das sich die heutige Wissenschaft von der Entstehung des Menschen macht, ist in der Tat wenig göttlich: Der Mensch ist Zufallsprodukt einer planlosen Vermehrungssucht und von Mutationen der DNS. Die DNS kennt das Ergebnis ihrer Mutationen nicht und noch schlimmer: Sie interessiert sich gar nicht dafür. Ob das Ergebnis dabei der eigene Tod, ein siebenköpfiger Drache, das mystische Tier Einhorn oder ein vernunftbegabtes, mit Selbst-Bewusstsein ausgestattetes Wesen wie der Mensch ist, ist ihr gleichgültig.

Aber nicht nur das Menschenbild, auch das Bild Gottes wurde gründlich demontiert. Mit dem Aufkommen des Materialismus im 18. Jahrhundert war in der Wissenschaft für Gott kein Platz mehr. Der Materialismus hat sich als die alleinige tragende Säule wissenschaftlichen Denkens durchgesetzt und gibt vor, dass alle Phänomene der Welt, auch das Leben, der Geist, Ideen und Gefühle, auf Erscheinungsformen der Materie zurückführbar sind. JACQUES MONOD:

> Der Alte Bund ist zerbrochen; der Mensch weiß endlich, daß er in der teilnahmslosen Unermeßlichkeit des Universums allein ist, aus dem er zufällig hervortrat. Nicht nur sein Los, auch seine Pflicht steht nirgendwo geschrieben.[136]
> Wenn er diese Botschaft in ihrer vollen Bedeutung aufnimmt, dann muß der Mensch endlich aus seinem tausendjährigen Traum erwachen und seine totale Verlassenheit, seine radikale Fremdheit erkennen. Er weiß nun, daß er seinen Platz wie ein Zigeuner am Rande des Universums hat, das für seine Musik taub ist und gleichgültig gegen seine Hoffnungen, Leiden oder Verbrechen.[137]

Wie sicher sind aber die ‚Tatsachen‘, auf die sich MONODS düstere Aussagen gründen? Wissen wir denn genau, dass sich aus einfachen anorganischen Molekülen eine lebende Zelle bilden kann? Wissen wir denn genau, dass ein Huhn sich in ein anderes Tier umwandeln kann? Hat jemand jemals auch nur etwas Ähnliches beobachtet?

Ich habe versucht zu zeigen, dass auch eine andere Sicht der Dinge möglich ist, die alle Möglichkeiten offen lässt. Wer hat auf der Erde das Leben gesät? War es eine fremde, uns weit überlegene Zivilisation? Oder war es ein Gott? Wir wissen es nicht und wir werden wir es wahrscheinlich auch nie wissen können.

Gleichzeitig darf man nicht übersehen, dass weder die Kosmologie noch die Theorie über die abiotische Entstehung und

Evolution des Lebens alles erklären können, sondern den Glauben an den Zufall benötigen, damit offene Fragen, die die Wissenschaft heute nicht beantworten kann, wenigstens überdeckt werden.

> Wir scheinen in einem Universum zu leben, das von einer Reihe von unabhängigen Variablen abhängt, bei denen eine winzige Veränderung ausreichte, es unbewohnbar für jedwede Form von Leben zu machen.[138]

Kosmologen können die Feinabstimmung der Naturkonstanten mit Hilfe von bekannten physikalischen Gesetzen nicht erklären und nehmen Zuflucht in der multiversen Hypothese. Sie vermag alles damit zu erklären, dass eine unendliche Zahl von Universen existiert und die Werte für die Naturkonstanten beim Urknall zufällig festgelegt worden sind. Dass sich darunter mindestens ein Universum befindet, das exakt die für die Entstehung von Leben notwendigen Werte aufweist, bedarf dann keiner weiteren Erklärung mehr. Alles funktioniert so gut wie das Lottospiel. Wer alle möglichen Zahlenvarianten tippt, erzielt garantiert auch einen Volltreffer. Doch fehlt es nicht nur an Beweisen, sondern auch an der Beweisbarkeit solcher Thesen. Die Annahme eines Schöpfergottes ist nicht weniger unwissenschaftlich.

Auch die Evolutionstheorie braucht den Zufall, *die Affen der zufälligen Abläufe auf der Erdoberfläche*, um die Entstehung und Vielfalt des Lebens erklären zu können. Es ist nur eine Frage der Zeit, bis die Entstehung des Lebens mit dem gleichen Argument begründet wird, mit dem Kosmologen die erstaunlich präzise abgestimmten Werte der Naturkonstanten erklären. Mag die Wahrscheinlichkeit der Selbstmontage oder auch der Spontangeneration einer Zelle noch so gering sein – wenn unendlich viele Geburtsstätten in einem unendlich großen Multiversum zur Verwirklichung bereitstehen, wird sich irgendwo zwangsläufig auch Leben entwickeln.

Warum es aber einen Menschen intellektuell zufriedener stimmt, zu glauben, dass er nicht das Geschöpf eines gütigen Gottes, sondern ein Zufallsprodukt oder sogar Wegwerfprodukt einer sinnlos verlaufenden Evolution ist, erschließt sich mir nicht unmittelbar. Auch der Gedanke, dass mit dem Tode unsere Existenz für immer ausgelöscht ist, bedeutet für mich keine tröstliche Perspektive. Es sollte aber jedem freistehen, so zu denken, wie er es für richtig hält. Sei der Grund dafür eine so empfundene intellektuelle Redlichkeit oder was auch immer.

Das Jahr 2000 brachte eine Sternstunde der Genforschung. Von zwei Forschungsgruppen wurde das menschliche Genom vollständig entschlüsselt. Am 26. Juni 2000 verkündete Präsident BILL CLINTON zusammen mit FRANCIS COLLINS, Direktor der „National Institutes of Health“ und Leiter des „Human Genome Project“, und CRAIG VENTER, Gründer des privaten J. Craig Venter Instituts – TONY BLAIR war über Satellit zugeschaltet – das epochemachende Ereignis und pries es als eine immense, neue Macht, zu heilen. Seine Ansprache schloss er mit den Worten:

> Heute erlernen wir die Sprache, mit der Gott das Leben schuf. Umso mehr wächst unsere Ehrfurcht vor der Komplexität, der Schönheit und dem Wunder Gottes höchsten und heiligsten Geschenks.[139]

FRANCIS COLLINS fügte hinzu:

> Es ist ein glücklicher Tag für die Welt. Es macht mich demütig und es erfüllt mich mit Ehrfurcht, dass wir den ersten Blick auf unsere Bauanleitung erhaschen konnten, die vorher nur Gott bekannt war.[140]

QUELLENNACHWEIS

[1] MANN, THOMAS: *Der Zauberberg.* – Frankfurt/Main,1994, S. 378.
[2] (J) JOHNSON, PHILLIP E.: *Darwin im Kreuzverhör.* – Bielefeld, 2003, S. 16.
[3] EIGEN, M., GARDINER, W., SCHUSTER, P. & WINKLER-OSWATITSCH, R.: *Ursprung der genetischen Information.* – Spektrum der Wissenschaft, Juni 1988, S. 37-56.
[4] DARWIN, CHARLES ROBERT: *On the origin of species by means of natural selection, or the preservation of favoured races in the struggle for life.* – London, 1859.
[5] http://de.wikipedia.org/wiki/Biogenese (CHARLES DARWIN an J.D. HOOKER am 1. Februar 1871).
[6] Ebd.
[7] OPARIN, A.I.: *Der Ursprung des Lebens.* – Moskau, 1924.
[8] HALDANE, J.B.S.: *The Origin of Life.* – Rationalist Annual, 148, 3, 1928.
[9] MILLER, S.L.: *A production of amino acids under possible primitive earth conditions.* – 1 Science, 17, 3046, 1953.
[10] (V) VOLLMERT, BRUNO: *Das Molekül und das Leben. Vom makromolekularen Ursprung des Lebens und der Arten: Was Darwin nicht wissen konnte und Darwinisten nicht wissen wollen.* – Reinbek bei Hamburg, 1985, S. 42.
[11] EIGEN ET.AL.: *Ursprung der genetischen Information,* a.a.O., S. 61.
[12] Ebd.
[13] Ebd.
[14] Ebd., S. 63.
[15] DICKERSON, RICHARD E.: *Chemische Evolution und der Ursprung des Lebens.* – Spektrum der Wissenschaft, Juni 1988, S. 45.
[16] EIGEN, M.: Natur Nr. 3, März 1983, S. 68-78.
[17] http://www.philolex.de/vorsokra.htm
[18] LEVINE, J.: *New Ideas About the Early Atmosphere.* – NASA Special Report, No. 225, Langley Research Center, August 11, 1983.
[19] (V) S. 43.
[20] (V) S. 37.
[21] (V) S. 22 f.
[22] DICKERSON: *Chemische Evolution,* a.a.O., S. 55.
[23] (V) S. 75.
[24] http://de.wikipedia.org/wiki/Aminosäuren
[25] (V) 22 f.
[26] DOSE, KLAUS: *The Origin of Life: More Questions Than Answers.* – Interdisciplinary Science Reviews, 13(4)1988, p. 348.
[27] http://www.astronews.com/news/artikel/2014/11/1411-035.shtml

[28] http://www.wissenschaft.de/archiv/-/journal_content/56/12054/1578957/Entstand-das-Leben-im-Meer-Eis%3F/

[29] http://www.spiegel.de/wissenschaft/mensch/entstehung-des-lebens-die-ursuppe-war-suess-a-195316.html

[30] WÄCHTERSHÄUSER, G.: *The Cradle Chemistry of Life*. – Pure and Applied Chemistry, 65(6)1993, p. 1343.

[31] CAIRNS-SMITH, A.G.: *Genetic takeover – and the mineral origins of life*. – Cambridge, 1982.

[32] HORGAN, JOHN: *The End of Science. Facing The Limits Of Knowledge In The Twilight Of The Scientific Age*. – New York, 1997, S. 136.

[33] http://www.gomeck.de/stolpersteine.html

[34] (DIT) DITFURTH, HOIMAR V.: *Im Anfang war der Wasserstoff*. – München, 1987, S. 180 ff.

[35] Ebd., S. 181.

[36] Ebd.

[37] Ebd. S. 181 f.

[38] (V) S. 136.

[39] http://www.zeit.de/1969/04/synthetisches-enzym

[40] FOX, S.W., HARADA, K. & KENDRICK, J.: *Production of spherules from synthetic proteinoid and hot water*. – Science 129, 1959, pp. 1221-1223.

[41] OPARIN: *Der Ursprung des Lebens*, a.a.O.

[42] http://www.truthinscience.org.uk/tis2/index.php/evidence-for-evolution-mainmenu-65/51-the-miller-urey-experiment.html

[43] DICKERSON: *Chemische Evolution*, a.a.O., S. 45.

[44] WOODWARD, R.B. ET AL.: *The Total Synthesis of Chlorophyll*. – J. Am. Chem. Soc. 82(14)1960, pp. 3800–3802;
DIES.: *Totalsynthese des Chlorophylls*. – Angewandte Chem. 72, 651, 1960;
AMERICAN CHEMICAL SOCIETY: *Chemists Take Different Routes to Chlorophyll*. – Chem. Eng. News, 38(31)1960, pp. 36-39.

[45] HOYLE, F.: *The Big Bang in Astronomy*. – New Scientist, Vol. 92, No. 1280, November 19, 1981, p. 527.

[46] (B) BEHE, MICHAEL J.: *Darwins Black Box. Biochemische Einwände gegen die Evolutionstheorie*. – Gräfelfing, 2007, S. 21.

[47] (V) S. 200 ff.

[48] (V) S. 202.

[49] WALD, GEORGE: *The Origin of Life*. – Scientific American, 191(2)1954, pp. 44-53.

[50] HUXLEY, THOMAS HENRY: *Evidence as to Man's place in nature*. – London, 1863.

[51] (DIT) S. 167.

[52] (DAR) Darwin, Charles: *Die Entstehung der Arten durch natürliche Zuchtwahl*. – (Original) Stuttgart: Philipp Reclam jun., 1963. – (Sonderausgabe/Originalsatz) Hamburg, 2004, S. 462 ff.;
vgl. (G) Gould, Stephen Jay: *Zufall Mensch. Das Wunder des Lebens als Spiel der Natur*. – München, 1994, S. 57.
[53] (G) S. 134 ff.
[54] (DAR) S. 462; vgl. (G) S. 57.
[55] http://www.scinexx.de/wissen-aktuell-3637-2005-10-10.html
[56] http://de.wikipedia.org/wiki/Piltdown-Mensch
[57] Ebd.
[58] Watson, J.D. & Crick, F.H.C.: *A Structure for Deoxyribose Nucleic Acid*. – Nature, Vol 171, 25. April 1953, p. 737 f.
[59] http://www.0095.info/de/index_thesende3_geologieundpalaeontologie_stasisimfossilbericht.html
[60] Grassé, Pierre-Paul: *Evolution of Living Organisms*. – New York, 1977, S. 130.
[61] (T) Taylor, Gordon Rattray: *Das Geheimnis der Evolution*. – Frankfurt/Main, 1983, S. 14.
[62] Eldredge, N. & Gould, S.J.: *Punctuated equilibria: an alternative to phyletic gradualism*. – In: Schopf, T. (Hrsg.): *Models in Paleobiology*. – San Francisco 1972, pp. 82-115.
[63] (DAW) Dawkins, Richard: *Der blinde Uhrmacher. Warum die Erkenntnisse der Evolutionstheorie zeigen, daß das Universum nicht durch Design entstanden ist*. – München, 2013, S. 285.
[64] (DAR) S. 429 f.
[65] (DAR) S. 446.
[66] (DAR) S. 456.
[67] (B) S. 57.
[68] Schindewolf, Otto H.: *Basic Questions in Paleontology: geologic time, organic evolution, and biological systematics*. Herausgegeben und mit einem Nachwort versehen von Wolf-Ernst Reif, Vorwort von Stephen Jay Gould. – Chicago, 1993.
[69] Goldschmidt, R.: *The Material Basis of Evolution*. – New Jersey, 1960.
[70] (DAR) S. 336.
[71] Gould, Stephen J.: *The Return of the Hopeful Monster*. – Natural History, 86:22, June-July, 1977.
[72] (J) 54.
[73] (T) S. 17.
[74] Ronshaugen, M., McGinnis, N. & McGinnis, W.: *Hox protein mutation and macroevolution of the insect body plan*. – Nature 415, 2002, pp. 914-917.

[75] CHENN, A. & WALSH, C.A.: *Regulation of cerebral cortical size by control of cell cycle exit in neural precursors*. – Science 297(5580)2002, pp. 365-369.
[76] http://de.wikipedia.org/wiki/Flügel_%28Insekt%29
[77] (DAW) S. 269.
[78] MIVART, ST. GEORGE: *On the Genesis of Species*. - London, 1871, S. 21.
[79] (J) S. 40 f.
[80] (J) S. 43.
[81] (J) S. 53.
[82] (DAW) S. 279.
[83] Ebd., S. 279 f.
[84] (T) S. 110.
[85] (J) S. 53.
[86] (T) S. 57.
[87] (T) S. 52.
[88] (J) S. 31, 169.
[89] (J) S. 31.
[90] EISELEY, LOREN: *Darwin's Century*. – New York, 1958, S. 345.
[91] WATSON, D.M.S.: *Adaptation*. – Nature 124, 10. August 1929, p. 233. – Zit. nach: OSTERMANN, EDUARD: *Das Glaubensbekenntnis der Evolution*. – Münster, 1978, S. 6.
[92] Ebd.
[93] (DAW) S. 7.
[94] Ebd., S. 9 f.
[95] (J) S. 16.
[96] (B) S. 388.
[97] STRAUS, ERNST: *Assistent bei Albert Einstein*. – In: SEELIG, CARL (Hg.): *Helle Zeit – Dunkle Zeit. In memoriam Albert Einstein*. – Zürich, 1956, S. 65-73.
[98] http://de.wikipedia.org/wiki/Ernst_Haeckel
[99] CRICK, F.H.C. & ORGEL, L.E.: *Directed Panspermia*. – Ikarus 19(3)1973, pp. 341-346.
[100] Ebd.
[101] (T) S. 311 ff.
[102] (T) S. 312.
[103] LIPTON, BRUCE H.: *Intelligente Zellen. Wie Erfahrungen unsere Gene steuern*. – Burgrain, 2013.
[104] GATES, BILL: *The Road Ahead*. – New York, 1995, S. 188.
[105] http://de.wikipedia.org/wiki/DNA-Computer
[106] http://www.welt.de/wissenschaft/article115388135/Forscher-funktionieren-die-Zelle-zum-Rechner-um.html;

http://www.heise.de/tp/artikel/40/40661/1.html (VOLKER HENN: Die Zelle als Computer, 06.02.2014)
[107] (T) S. 151.
[108] (T) S. 151 f.
[109] http://www.starfish.ch/Korallenriff/Aussehen.html
[110] (DAR) S. 302.
[111] (T) S. 152.
[112] GOULD, STEPHEN JAY: *Illusion Fortschritt: Die vielfältigen Wege der Evolution.* – Frankfurt/Main, 1998.
[113] MORRIS, SIMON CONWAY: *Jenseits des Zufalls. Wir Menschen im einsamen Universum.* – Berlin, 2008.
[114] BUCKLEY, TH.R., ATTANAYAKE, D. & BRADLER, S.: *Extreme convergence in stick insect evolution: phylogenetic placement of the Lord Howe Island tree lobster.* – DOI: 10.1098/rspb.2008.1552, Published 22 March 2009,
http://rspb.royalsocietypublishing.org/content/276/1659/1055
[115] http://www.welt.de/wissenschaft/evolution/article2905763/Darwin-erklaert-das-Entstehen-des-Menschen-nicht.html (Interview mit Professor JOACHIM BAUER: Die Welt, 20.12.08)
[116] Ebd.
[117] http://www.sein.de/geist/weisheit/2010/abschied-von-darwin-das-neue-bild-der-evolution.html; Spontane Evolution
[118] REZNICK, D.N. & GHALAMBOR, C.K.: *The population ecology of contemporary adaptations: what empirical studies reveal about the conditions that promote adaptive evolution.* – In: Genetica 112-113, 2001, pp. 183-198;
REZNICK, D.N., SHAW, F.H., RODD, F.H. & SHAW, R.G.: *Evaluation of the Rate of Evolution in Natural Populations of Guppies (Poecilia reticulata).* – Science, New Series, Vol. 275, No. 5308, Mar. 28,1997, pp. 1934-1937;
BRÜGGEMANN, UWE: *Beschleunigte Mikroevolution bei Guppys.* – Studium Integrale Journal, 5. Jahrgang/Heft 1, April 1998, S. 38-39.
[119] REZNICK & GHALAMBOR: *The population ecology*, a.a.O., p. 191.
[120] DAVIES, PAUL: *Do we have to spell it out?* – New Scientist, 2459, Aug 7, 2004, pp. 30-31.
[121] (DAR) S. 250.
[122] (B) S. 72 f.
[123] http://de.wikipedia.org/wiki/Flagellum
[124] (B) S. 121.
[125] (B) S. 412.
[126] Mann: Der Zauberberg, a.a.O., S. 377.
[127] http://de.wikipedia.org/wiki/Komplementarität

[128] BOHR, NIELS: *Licht und Leben.* – Die Naturwissenschaften, 21. Jg., Heft 13, 31. März 1933.
Vgl. http://link.springer.com/article/10.1007%2FBF00627713: „Der hier vorgelegte Vortrag wurde am 21. Juni 1962 von Niels Bohr anläßlich der Einweihung des Instituts für Genetik der Universität zu Köln gehalten. Er war konzipiert als ein erneuter Versuch, die Beziehungen zwischen Physik und Biologie zu diskutieren, nach dem ersten Versuch vom Jahre 1932 […]. Der Verfasser erkrankte jedoch kurz nach dem Vortrag, und obwohl er sich gut zu erholen schien und die Ausarbeitung dieses Vortrags wieder in Angriff genommen hatte, starb er plötzlich am 18. November 1962, ohne ein vollständiges Manuskript zu hinterlassen. Was hier vorgelegt wird, ist die deutsche Übersetzung eines Manuskripts in englischer Sprache, das der Verfasser vor dem Kölner Vortrag angefertigt hatte."

[129] http://de.wikipedia.org/wiki/Leben

[130] (C) COLLINS, FRANCIS S.: *Gott und die Gene. Ein Naturwissenschaftler entschlüsselt die Sprache Gottes.* – Freiburg, Basel, Wien, 2012, S. 1.

[131] Goethe, Johann Wolfgang: Faust. Der Tragödie erster Teil. – Stuttgart 1986.

[132] http://www.vcell.de/genomstation/genomstation-meilensteine-der-gen forschung-der-lange-weg-zum-gen/

[133] MUTSCHLER, HANS-DIETER: *Die Technisierung des Lebendigen. Über ‚Künstliches Leben'.* – In: Scheidewege. Jahresschrift für skeptisches Denken, Jahrgang 29, 1999/2000.

[134] Ebd.

[135] THOMAS REID Brief von 1775.

[136] MONOD, JAQUES: *Zufall und Notwendigkeit, Philosophischen Fragen der modernen Biologie.* – München, 1983, S. 157.

[137] Ebd., S. 151.

[138] BARROW, JOHN & TIPLER, FRANK: *The Anthropic Cosmological Principle.* – Oxford, 1988, S. 7.

[139] (C) S. 2.

[140] Ebd.

BILDERNACHWEIS

Abb. 1: WIKIPEDIA – Miller-Urey Experiment
Abb. 2: GABRIELLA MAROSI
Abb. 3: GABRIELLA MAROSI
Abb. 4: WIKIPEDIA – Aminosäuren
Abb. 5: WIKIPEDIA – Chiralität (Chemie)
Abb. 6: Die Münchener Chlorophyll Synthese
Abb. 7: WIKIPEDIA – Zelle (Biologie)
Abb. 8: WIKIPEDIA – Desoxyribonukleinsäure
Abb. 9: WIKIPEDIA – Replikation
Abb. 10: WIKIPEDIA – Charles Darwin
Abb. 11: GABRIELLA MAROSI
Abb. 12: Burgeswww_sauti_de
Abb. 13: GABRIELLA MAROSI/GOULD, STEPHEN J.: *Zufall Mensch,* a.a.O., S. 45.
Abb. 14: GABRIELLA MAROSI
Abb. 15: WIKIPEDIA – Eurycantha calcarata; Dryococelus australis
Abb. 16: http://genesisnet.info/index.php?Artikel=41282&Sprache=de&l=1; Quelle: JUNKER, R. & SCHERER, R.: *Evolution – ein kritisches Lehrbuch.* – Gießen, 2001.
Abb. 17: WIKIPEDIA – Flagellum
Abb. 18: WIKIPEDIA – Bombardierkäfer

Literatur

BARROW, JOHN & TIPLER, FRANK: *The Anthropic Cosmological Principle*. – Oxford, 1988.

(B) BEHE, MICHAEL J.: *Darwins Black Box. Biochemische Einwände gegen die Evolutionstheorie*. – Gräfelfing, 2007.

CAIRNS-SMITH, A.G.: *Genetic takeover – and the mineral origins of life*. – Cambridge, 1982.

(C) COLLINS, FRANCIS S.: *Gott und die Gene. Ein Naturwissenschaftler entschlüsselt die Sprache Gottes*. – Freiburg, Basel, Wien, 2012.

(DAR) DARWIN, CHARLES: *Die Entstehung der Arten durch natürliche Zuchtwahl*. – (Original) Stuttgart: Philipp Reclam jun., 1963. – (Sonderausgabe/Originalsatz) Hamburg, 2004.

DARWIN, CHARLES ROBERT: *On the origin of species by means of natural selection, or the preservation of favoured races in the struggle for life*. – London, 1859.

(DAW) DAWKINS, RICHARD: *Der blinde Uhrmacher. Warum die Erkenntnisse der Evolutionstheorie zeigen, daß das Universum nicht durch Design entstanden ist*. – München, 2013.

(DIT) DITFURTH, HOIMAR V.: *Im Anfang war der Wasserstoff*. – München, 1987.

EISELEY, LOREN: *Darwin's Century*. – New York, 1958.

ELDREDGE, N. & GOULD, S.J.: *Punctuated equilibria: an alternative to phyletic gradualism*. – In: SCHOPF, T. (Hrsg.): *Models in Paleobiology*. – San Francisco 1972, pp. 82-115.

GATES, BILL: *The Road Ahead*. – New York, 1995.

GOLDSCHMIDT, R.: *The Material Basis of Evolution*. – New Jersey, 1960.

(G) GOULD, STEPHEN JAY: *Zufall Mensch. Das Wunder des Lebens als Spiel der Natur*. – München, 1994.

DERS.: *Illusion Fortschritt: Die vielfältigen Wege der Evolution*. – Frankfurt/Main, 1998.

GRASSÉ, PIERRE-PAUL: *Evolution of Living Organisms.* – New York, 1977.

HORGAN, JOHN: *The End of Science. Facing The Limits Of Knowledge In The Twilight Of The Scientific Age.* – New York, 1997.

HUXLEY, THOMAS HENRY: *Evidence as to Man's place in nature.* – London, 1863.

(J) JOHNSON, PHILLIP E.: *Darwin im Kreuzverhör.* – Bielefeld, 2003.

JUNKER, R. & SCHERER, R.: *Evolution – ein kritisches Lehrbuch.* – Gießen, 2001.

LIPTON, BRUCE H.: *Intelligente Zellen. Wie Erfahrungen unsere Gene steuern.* – Burgrain, 2013.

MANN, THOMAS: *Der Zauberberg.* – Frankfurt/Main, 1994.

MIVART, ST. GEORGE: *On the Genesis of Species.* - London, 1871.

MONOD, JAQUES: *Zufall und Notwendigkeit, Philosophischen Fragen der modernen Biologie.* – München, 1983.

MORRIS, SIMON CONWAY: *Jenseits des Zufalls. Wir Menschen im einsamen Universum.* – Berlin, 2008.

OPARIN, A.I.: *Der Ursprung des Lebens.* – Moskau, 1924.

OSTERMANN, EDUARD: *Das Glaubensbekenntnis der Evolution.* – Münster, 1978.

SCHINDEWOLF, OTTO H.: *Basic Questions in Paleontology: geologic time, organic evolution, and biological systematics.* Herausgegeben und mit einem Nachwort versehen von Wolf-Ernst Reif, Vorwort von Stephen Jay Gould. – Chicago, 1993.

(T) TAYLOR, GORDON RATTRAY: *Das Geheimnis der Evolution.* – Frankfurt/Main, 1983.

(V) VOLLMERT, BRUNO: *Das Molekül und das Leben. Vom makromolekularen Ursprung des Lebens und der Arten: Was Darwin nicht wissen konnte und Darwinisten nicht wissen wollen.* – Reinbek bei Hamburg, 1985.

Wissenschaftsmagazine

American Chemical Society: *Chemists Take Different Routes to Chlorophyll.* – Chem. Eng. News, 38(31)1960, pp. 36-39.

Bohr, Niels: *Licht und Leben.* – Die Naturwissenschaften, 21. Jg., Heft 13, 31. März 1933.

Brüggemann, Uwe: *Beschleunigte Mikroevolution bei Guppys.* – Studium Integrale Journal, 5. Jahrgang/Heft 1, April 1998, S. 38-39.

Buckley, Th.R., Attanayake, D. & Bradler, S.: *Extreme convergence in stick insect evolution: phylogenetic placement of the Lord Howe Island tree lobster.* – DOI: 10.1098/rspb.2008.1552, Published 22 March 2009

Chenn, A. & Walsh, C.A.: *Regulation of cerebral cortical size by control of cell cycle exit in neural precursors.* – Science 297(5580)2002, pp. 365-369.

Crick, F.H.C. & Orgel, L.E.: *Directed Panspermia.* – Ikarus 19(3)1973, pp. 341-346.

Davies, Paul: *Do we have to spell it out?* – New Scientist, 2459, Aug 7, 2004, pp. 30-31.

Dickerson, Richard E.: *Chemische Evolution und der Ursprung des Lebens.* – Spektrum der Wissenschaft, Juni 1988, S. 45.

Dose, Klaus: *The Origin of Life: More Questions Than Answers.* – Interdisciplinary Science Reviews, 13(4)1988, p. 348.

Eigen, M.: Natur Nr. 3, März 1983, S. 68-78.

Eigen, M., Gardiner, W., Schuster, P. & Winkler-Oswatitsch, R.: *Ursprung der genetischen Information.* – Spektrum der Wissenschaft, Juni 1988, S. 37-56.

Fox, S.W., Harada, K. & Kendrick, J.: *Production of spherules from synthetic proteinoid and hot water.* – Science 129, 1959, pp. 1221-1223.

GOULD, STEPHEN J.: *The Return of the Hopeful Monster.* – Natural History, 86:22, June-July, 1977.

HALDANE, J.B.S.: *The Origin of Life.* – Rationalist Annual, 148, 3, 1928.

HOYLE, F.: *The Big Bang in Astronomy.* – New Scientist, Vol. 92, No. 1280, November 19, 1981.

LEVINE, J.: *New Ideas About the Early Atmosphere.* – NASA Special Report, No. 225, Langley Research Center, August 11, 1983.

MILLER, S.L.: *A production of amino acids under possible primitive earth conditions.* – 1 Science, 17, 3046, 1953.

MUTSCHLER, HANS-DIETER: *Die Technisierung des Lebendigen. Über ‚Künstliches Leben'.* – In: Scheidewege. Jahresschrift für skeptisches Denken, Jahrgang 29, 1999/2000.

REZNICK, D.N. & GHALAMBOR, C.K.: *The population ecology of contemporary adaptations: what empirical studies reveal about the conditions that promote adaptive evolution.* – In: Genetica 112-113, 2001, pp. 183-198.

REZNICK, D.N., SHAW, F.H., RODD, F.H. & SHAW, R.G.: *Evaluation of the Rate of Evolution in Natural Populations of Guppies (Poecilia reticulata).* – Science, New Series, Vol. 275, No. 5308, Mar. 28,1997, pp. 1934-1937.

RONSHAUGEN, M., MCGINNIS, N. & MCGINNIS, W.: *Hox protein mutation and macroevolution of the insect body plan.* – Nature 415, 2002, pp. 914-917.

STRAUS, ERNST: *Assistent bei Albert Einstein.* – In: SEELIG, CARL (Hg.): *Helle Zeit – Dunkle Zeit. In memoriam Albert Einstein.* – Zürich, 1956, S. 65-73.

WÄCHTERSHÄUSER, G.: *The Cradle Chemistry of Life.* – Pure and Applied Chemistry, 65(6)1993, p. 1343.

WALD, GEORGE: *The Origin of Life.* – Scientific American, 191(2)1954, pp. 44-53.

WATSON, D.M.S.: *Adaptation.* – Nature 124, 10. August 1929, p. 233.

WATSON, J.D. & CRICK, F.H.C.: *A Structure for Deoxyribose Nucleic Acid.* – Nature, Vol 171, 25. April 1953, p. 737 f.

WOODWARD, R.B. ET AL.: *The Total Synthesis of Chlorophyll.* – J. Am. Chem. Soc. 82(14)1960, pp. 3800–3802.

DIES.: *Totalsynthese des Chlorophylls.* – Angewandte Chem. 72, 651, 1960.

WEBSEITEN

- www.0095.info/de/index_thesende3_geologieundpalaeontologie_stasisimfossilbericht.html
- www.astronews.com/news/artikel/2014/11/1411-035.shtml
- de.wikipedia.org/wiki/Aminosäuren
- http://de.wikipedia.org/wiki/Biogenese (CHARLES DARWIN an J.D. HOOKER am 1. Februar 1871)
- de.wikipedia.org/wiki/DNA-Computer
- de.wikipedia.org/wiki/Ernst_Haeckel
- de.wikipedia.org/wiki/Flagellum
- de.wikipedia.org/wiki/Flügel_%28Insekt%29
- de.wikipedia.org/wiki/Komplementarität
- de.wikipedia.org/wiki/Leben
- de.wikipedia.org/wiki/Piltdown-Mensch
- www.gomeck.de/stolpersteine.html
- www.heise.de/tp/artikel/40/40661/1.html (VOLKER HENN: Die Zelle als Computer, 06.02.2014)
- link.springer.com/article/10.1007%2FBF00627713
- www.philolex.de/vorsokra.htm
- rspb.royalsocietypublishing.org/content/276/1659/1055
- www.scinexx.de/wissen-aktuell-3637-2005-10-10.html
- www.sein.de/geist/weisheit/2010/abschied-von-darwin-das-neue-bild-der-evolution.html; Spontane Evolution
- www.spiegel.de/wissenschaft/mensch/entstehung-des-lebens-die-ursuppe-war-suess-a-195316.html
- www.starfish.ch/Korallenriff/Aussehen.html

- www.truthinscience.org.uk/tis2/index.php/evidence-for-evolution-mainmenu-65/51-the-miller-urey-experiment.html
- www.vcell.de/genomstation/genomstation-meilensteine-der-genforschung-der-lange-weg-zum-gen/
- www.welt.de/wissenschaft/article115388135/Forscher-funktionieren-die-Zelle-zum-Rechner-um.html
- www.welt.de/wissenschaft/evolution/article2905763/Darwin-erklaert-das-Entstehen-des-Menschen-nicht.html (Interview mit Professor JOACHIM BAUER: Die Welt, 20.12.08)
- www.wissenschaft.de/archiv/-/journal_content/56/12054/1578957/Entstand-das-Leben-im-Meer-Eis%3F/
- www.zeit.de/1969/04/synthetisches-enzym

Lászlo Á. Marosi
Licht oder Dunkle Materie?
Eine neue Theorie des Universums und eine kurze Geschichte der Kosmologie
ISBN 978-3-8334-6067-8
Herstellung und Verlag: Books on Demand GmbH, Norderstedt

Endre Ady
Ausgewählte Gedichte, Novellen und Zeitungsartikel
Aus dem Ungarischen übertragen von Lászlo Á. Marosi
Lektorat, Layout und Verlag: Dr. phil. Silvia Marosi,
Marosi Verlag, Mannheim, MarosiVerlag@gmx.de
Printed in Germany 2012; ISBN 978-3-8482-0096-2
Herstellung und Verlag: Books on Demand GmbH, Norderstedt

Attila József
Du weißt, dass es keine Vergebung gibt
Aus dem Ungarischen übertragen von Lászlo Á. Marosi
Lektorat, Layout und Verlag: Dr. phil. Silvia Marosi,
Marosi Verlag, Mannheim, MarosiVerlag@gmx.de
Printed in Germany 2013, ISBN 978-3-7322-4784-4
Herstellung und Verlag: Books on Demand GmbH, Norderstedt
